极简生活：

放下越多，越富有

赵文彤◎编著

Minimalist
life

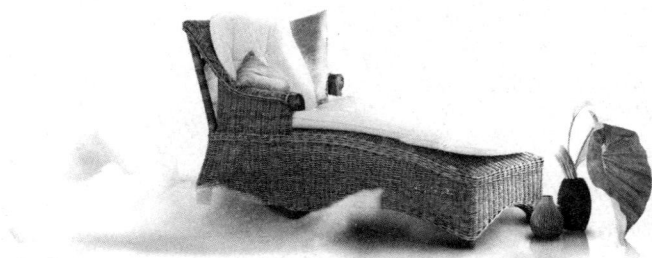

中国华侨出版社

图书在版编目（CIP）数据

极简生活：放下越多，越富有 / 赵文彤编著. — 北京：
中国华侨出版社，2017.5

ISBN 978-7-5113-6825-6

Ⅰ. ①极… Ⅱ. ①赵… Ⅲ. ①人生哲学－通俗读物
Ⅳ. ①B821-49

中国版本图书馆 CIP 数据核字（2017）第 117565 号

● **极简生活：放下越多，越富有**

编　　著 / 赵文彤

责任编辑 / 晓　棠

责任校对 / 志　刚

装帧设计 / 环球互动

经　　销 / 新华书店

开　　本 / 710 毫米×1000 毫米　1/16　印张 /16.5　字数 /206 千字

印　　刷 / 香河利华文化发展有限公司

版　　次 / 2017 年 8 月第 1 版　2017 年 8 月第 1 次印刷

书　　号 / ISBN 978-7-5113-6825-6

定　　价 / 36.80 元

中国华侨出版社　北京市朝阳区静安里 26 号通成达大厦 3 层　邮编：100028

法律顾问：陈鹰律师事务所　　　　　编辑部：（010）64443056　　64443979

发行部：（010）64443051　　　　　传　真：（010）64439708

网　址：www. oveaschin. com　　E-mail：oveaschin@sina. com

前言

在消费主义大行其道的时代，极简主义悄然在全球范围内兴起。极简思潮作为一种文化潮流，正以一种微妙的方式影响和改变着人们的生活。人们由以占有更多物品为荣，改为大胆践行"扔扔扔"的生活方式，将超出生命需要的多余物品，视为不必要的垃圾，统统扔出了自己的视线之外，以求获得心灵的解脱。

简单的"扔扔扔"真能换来心灵的自由吗？这要看你从删减物品的体验中感悟到了什么。家里堆积如山的杂物，衣橱里满满当当的衣服，冰箱里数不清的垃圾食品，这些物品的背后是什么？盲目消费、冲动购物，强烈的占有欲、虚荣心以及不健康的生活方式。毫无疑问，相当一批现代人是通过占有物品来获得安全感和尊荣感的，时下流行什么就想占有什么，不考虑自己的实际需要，别人拥有的东西自己必须拥有，即便那些东西只是装饰品和奢侈品，在日常生活中基本用不到。

一切复杂表象背后反映出的是人对物的狂热迷恋，可事实上并不是人占有了物品，而是物品占据了人的内心。人如果割舍不掉过剩的物品，就无法从混乱中解脱出来，无法过上恬淡、安然、从容自得的生活。内心空虚、焦虑迷茫、无法肯定自己，是现代人的通病，人们之所以会陷入这样的困境，主要原因是脱离了简单纯粹的生活，脱离了本色的自我，把所有的心思和精力投放到了错误的追求上。

很多人在践行了极简生活方式以后，心灵得到了治愈，他们通过对物的取舍，学会了放下。放下了攀比心，放下了虚荣心，放下了能力支撑不起的野心和欲望，放下了超出生命以外的欲求，将所有的能量聚焦到了自己的内心，重新找回了丢失的快乐。

大幅度地削减物品，将其删减到无以复加，减少到无从删减，不断地给生命做减法，不断地给心灵减负，你的生活才能从繁复回归简单，从浮华回归质朴，从混乱回归安宁。你才能放飞心灵，惬意地享受当下美好的时光，邂逅阳光与幸福。

当然，极简理念并非减物那么简单，除了物质领域，极简还涵盖生活的方方面面，比如信息极简、社交极简、办公极简等，践行极简主义，就要将其渗透到生活的每一个层面，如此你才能最大限度地简化生活，腾出更多的时间和精力关照自己的内心。极简并不会减掉生活的丰富和精彩，相反，它在教会你该如何"断舍离"的同时，将以一种独特的方式丰盈你的心灵和生命，给你带来更多的灵感和惊喜。

与极简相约，犹如遇见一个美丽的意外，新的生活、新的生命起点就在你的脚下，挥挥手，告别过去的杂乱与不堪，告别昔日的疲累与迷惘，告别生命之舟承载不下的贪婪与欲望，你将发现眼前的世界不再光怪陆离，它已变得朴素而简单，正焕发着一种洗尽铅华的美，一如你刚刚被新雨洗濯过的心灵。希望本书能带给你同样的欣喜，谨以此书献给所有追逐内心、追求自由，渴望拥有简单快乐的读者。

目录

第一章　极简生活，从心开始

爱因斯坦说：『凡事力求简单，直至不能再简。』的确，世事繁杂，斑驳陆离，许多的苦恼由此而生。唯有去繁就简，简约到极致，才能找回遗失的快乐，发现幸福的奥秘所在。在复杂莫测、物欲横流的社会环境中，极简理念就像一股清新的春风吹遍了全球，给人们带来了警醒的力量。

极简是一种符合现代生活方式的新锐理念，同时又是一种与消费主义相背离的价值取向。它倡导不购买非必要的东西，割舍多余的物件，脱离对物质的高度依赖，回归自己的内心，回归生活的本质，努力经营一种简单至极的纯粹的原味生活。它告诉我们，舍是一种智慧，放下也是一种拥有。当物质已然变成一种羁绊，当舍则舍，将身外之物统统割舍掉，为生活腾出更多的空间，为心灵找回更多的空间，让自己更轻松更自如地呼吸，生活就会变得纯粹而美好。

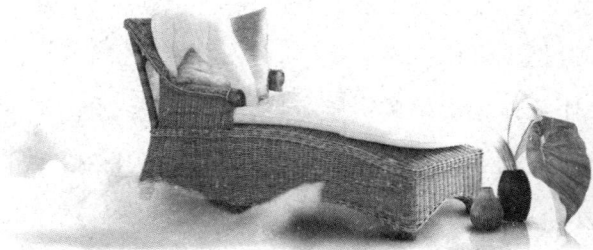

极简即是极美

米开朗琪罗说："美就是净化过剩的过程。"人生亦是如此，若想活得精致活得美，就要学会化繁为简，把多余之物统统丢掉，给自己留一个可以自由呼吸的空间。仔细审视一下当下的生活，你会发现自己的人生已经被杂物和杂事占据了，比如房间里囤积了一堆乱糟糟的物品，同样的东西至少有十件以上，常用的不过是一两件而已，每天忙忙碌碌，灰头土脸，焦头烂额，只为了刷卡消费时不会心疼钱，然而拥有的越多，生活越纷乱，心情越糟糕，结果证明自己不过是一直在自讨苦吃而已。

其实一个人的生活品质，与其拥有多少物品是完全无关的。你过得快乐舒心与否不在于你拥有的物品的数量。物质只能暂时满足你的小小虚荣心，带给你转瞬即逝的幸福，而不必要的存货却会占据你更多的时间、精力和心灵空间。有的人认为，高档物品可以提升生活的档次，体现出一个人与众不同的品位，彰显他（她）的购买力。可前提是，你要学会打理自己的生活，高档物品堆积多了也会变成高档杂物，而多余的高档杂物在本质上跟垃圾差不多，除了进一步侵占你的生活空间外，几乎毫无用处。

事实上，简单精致的生活，好过一切的奢华与混乱。过剩消费，囤积物品，不过是土豪们钟爱的生活方式，而简约矜持、低调纯粹的清新生活模式，才能体现出精神贵族所特有的独特品质，那种别致而又带点小情调的生活，才能给你带来真正的自由与快乐。极简即是极美，在狂热消费盛行的时代，遵从极简生活，可以帮助你从物欲的沉迷中解放出来，使你的内心获得持久的安宁与快慰。

要想活得悠然自在、惬意洒脱，就不要去购买商家蛊惑你购买的东西，你不需要让任何东西代表你和你拥有的生活，因为没有什么东西能够真正代表你，你身上穿的名牌服装不能代表你，你肩上背的限量版皮包不能代表你，你的首饰、皮夹以及所有最新款流行的小物件都不能代表你，凡是明码标价钞票可以买来的东西，都不能用来衡量人的价值。它们不是你的身份证，而是负累，是制造混乱的罪魁祸首。

玛丽总觉得生活不如意，得不到自己想要的，抱怨房间不够宽敞，容不下更大的沙发，因为家里没有一个可以举办烤肉派对的屋顶楼台而唉声叹气。经过多年的努力奋斗，她终于过上了梦想中的生活，搬进了高档公寓，但是房子面积变大了，生活空间却越来越少了。

她控制不住自己的购买欲，每个周末都会去商场扫货，临近节假日促销，更会大买特买，而今家里各式包包堆积如山，过时的时装储满了衣柜，苹果手机有好几款，上等的餐具有好几套，无数的杯子等着她擦洗，角落里更是堆满了各种各样花花绿绿的小物件，沙发上堆满了脏衣服。玛丽总是没办法把家收拾得更整洁更干净一些，那些重复购买的高档货已经快把她的生活空间挤占没了。更糟糕的是，为了购买这些物品，她的信用卡已经严重透支了，面对还款压力，她每天通宵达旦、蓬头垢面地工作，日子过得匆忙而慌乱。

与其整天计划着怎样出门扫货，不如从现在开始大胆地丢东西，把所有的非必需品扔到仓库、卖掉或者捐赠出去，不要舍不得，实际上它们自从被你带进家门以后就已经迅速贬值了，更何况现在又影响到了你的正常生活，拿出壮士断腕的豪情来，让生活回归纯粹、回归本身，从此你再也不用浪费时间翻找东西，再也不用在杂货店一样的房间考虑该怎样闪转腾挪，再也不用琢磨怎样向别人展示某款高价的物品。

家里从此窗明几净，稍加装点布置，优雅天成，品茗读书别有一番意趣，节制消费以后，你不用再疲于还卡债，多一点闲情逸致种花养鱼，中午小憩一会儿，闲来练练瑜伽，周末到郊外踏青赏景，与大自然来一次亲密接触，又有什么不好呢？

只买对的，不买贵的

大到房车、小到生活用品，很多人在购买时都只选贵的而不选对的，说到底都不是为了有效地使用和享用这些物品，而是为了攀比和炫耀。多数人其实心里明白最贵的不见得就是最好的，商家卖的不过是品牌和概念而已，很多的东西根本谈不上是物有所值。奢侈品牌和上乘品牌并不是一回事。就拿厨具来说吧，环保、节能、实用才是最重要的，如果不符合这些标准，款式看起来再高档又有什么用呢？

当一个人想要维持表面上的光鲜生活，但财力又不允许的时候，大都会选择购买堆积如山的 A 货，好让别人误以为自己有能力购买更好的东西，现在正在奢享一种别人想都不敢想的生活。极简主义者绝不会做同样的事情，他们早就把目光从奢侈消费转向了品质消费。真正有品位的人不可能热衷于囤积 A 货，也不会花冤枉钱购买任何热炒的概念，对于各种物品，他们宁缺毋滥，不赶时髦不追风潮，不轻易血拼，只买对的，不买贵的，所以才会活得如此悠然和洒脱。

苏珊是一个典型的极简主义者，她非常清楚自己需要什么，从来不会被天花乱坠的广告牵着鼻子走。热爱音乐的她宁可花 1 万元买一架钢琴，也不会花 5000 元买一台自己根本不需要的平板电脑，虽然很多年轻人都把它当成时尚的标志。她的很多朋友皮包里装满了功能相同的化妆品，橱柜里都是清一色的 A 货服装，梳妆匣里有好几款看起来差不多的饰品，她看了感到很不理解、朋友们说，这样做是为了让自己看起来很时髦，如果别人拥有的自己没有，就会显得非常落伍。

苏珊说："你是为自己而活，而不是为了活给别人看的。你们的工资并不高，买了这么多充场面的东西，以后岂不是要勒紧裤腰带过日子？"朋友们苦笑着，也没办法争辩了。苏珊想法很简单，她认为物品是为了生活理想而服务的，而不是本末倒置，为了得到某些价格昂贵的物品而扭曲自己的生活理想。

正是因为拥有这种生活理念，她从不追逐别人争相效仿的时尚，也不以拥有最贵的物品为荣，生活得分外简单和舒心。平时她喜欢穿牛仔裤和平底鞋，妆容化得很淡，出行多半是骑自行车。有些人误以为苏珊收入不高，她从不争辩，一边拿着高薪一边过着最简单最朴素的生活，闲下来的时候对着夕阳美美地喝葡萄酒，晚上在素净的房间里美美地入睡，每天都过得很轻松很惬意。

长期以来，商家总是不厌其烦地告诉人们，越是名贵的东西越是值得你去拥有。可是你知道吗？就在眨眼之间，全世界就有数以千计的电脑、手机和衣服用品被源源不断地运到了垃圾站，这些被丢弃的物品并没有丧失使用价值，商家为了推出更新款的东西，好让广大消费者多掏腰包，居然会用这种方法加速产品的更新换代。你现在持有的最贵商品也许很快就会变成垃圾场上的明日黄花。

最贵的东西并不能真正提升你的生活品质，它不应该作为体面的炫耀资本，更谈不上是个性的自我表达，说到底它只是一种浮华的泡沫和被过度包装和粉饰过的物质快餐而已。一旦你被某些轰炸式的宣传蛊惑，生活目标就会变得无比庞大，很有可能把辛辛苦苦赚来的生活费，都用来购买工业化的复制品，而这些毫无用处的工业复制品又需要你耗费很多的时间收拾和打理，不知不觉你就被自己批量购买的物品埋没了，然后就被彻底物化了，感受力退化得还不如一只午睡晒太阳的猫，这是何其可悲啊！

懂得知足，方能满足

39 岁的约书亚是一位小有名气的作家兼演说家，所得的薪水足以让他买下所有想要的东西，20 多岁的时候他很热衷于消费，是个潇洒的月光族，买了很多没有实际用处，但在人们的观念中却超酷的东西。随着年龄的增长，他对过去那种消费主义的生活方式感到厌倦了，开始尝试追求一种更特别的生活——极简生活。他认为盲目地购买、占有更多的东西并不能让人更幸福，反而会给自己的心灵带来沉重的负担和压力，商品是买之不尽的，但家里的空间是有限的，一个人的心灵空间也是有限的，全都让商品占据了，那么幸福的空间就被挤没了。

娶妻生子以后，他才发现自己最大的财富就是妻子和两个活泼可爱的孩子，比起他们，所有的东西都无足轻重。清理旧物的时候他开始反思，自己当初为什么要买这些又贵又没用的东西呢？答案很简单，是为了买给别人看。比如刚参加工作不久，他便买了一辆雷克萨斯，其价格完全超出了他的负担能力，这笔巨债直到两年后他才还上。他之所以宁愿负债也要买下这辆车，是为了让心仪的女子高看自己一眼。为了让自己显得更富有更有品位，每次约会他都把女友请进最高档的豪华餐厅，给女友买首饰也挑最贵的，可最后还是没有留住对方的芳心，那个爱慕虚荣的女孩最终嫁给了一个大财阀。

失恋后的约书亚受到了沉重的打击，他开始用最贵的东西包装自己，无论买什么都挑最上等的，连纽扣、袜子都是如此。可是这样做并没有让他过得更幸福，反而让他更困惑了。他认为人们只能看到他所拥有的东西和他的生活方式，却看不到他本人的价值，这绝对不是他想要的。于是他又开始尝试做一个普通人，后来遇到了真心喜欢自己而不是因为拜物而跟自己在一起的女孩，两人建立了美满的家庭。

经过商量，他们卖掉了大房子，搬进了一套公寓，仅保留了有限的生活物品，不再出入豪华会所和大酒店，每天都会一丝不苟地在厨房里做简餐，日子过得舒心而惬意。约书亚说："我原以为你不会喜欢这种生活，甚至会因此对我产生看法。"妻子笑笑说："你怎么会那么想呢？现在社会上正流行极简风潮呢，过去人们喜欢用奢侈品来衡量人的价值，而今人们更重视人本身的价值和生活的原本面貌。我觉得你是一个与时俱进的人，我也是这样的人，所以我们俩是绝配。我不在乎你有多少东西，我也不想拥有太多东西，有你和孩子们就足够了。"

许多人均 GDP 排在世界前列的欧洲国家，没有多少巨无霸的摩天大楼，很多城市建筑低矮，但设计得都无比人性化。人们不穿昂贵的裘皮大衣，不买奢侈品，不以穿名牌为傲，一切都遵循极简主义原则。少即是多的极简理念格外受到推崇。有限的土地资源和独特的人文环境，使得简约为先的理念在那里更容易扎根，不少人乐于将极简理念付诸于生活的点滴之中，平时非常注意废物的回收利用，不铺张浪费，不讲排场，餐桌上摆放着简单的食物，最大的乐趣不是在商场里狂刷卡狂消费，而是能和朋友、家人安静地度过一段快乐的美好时光。

欧美国家早期的极简主义者大概就是梭罗了。他独居瓦尔登湖畔，眼前除了一间简朴的小木屋和美丽的湖光山色，几乎什么也没有。没有物质牵绊的生活可谓简约到了极致，几乎只剩下了人与自然。他什么也没有带，只带了一颗纯粹沉静的心，便毫不犹豫地投身到了一种世外桃源般的生活中。在他看来，越是简单的东西，越是丰富和美丽。走出复杂多变的世界，与清澈的湖水和悦耳的鸟鸣为伴，便将诗意永远地留在了平凡无奇的生活里。

虽然作为凡夫俗子，我们达不到哲学大师梭罗所达到的精神境界，但却可以借取一点哲人的智慧，试着为生活做一些减法，不要让自己的欲望得到百分之百的满足，而要学会知足常乐，将一切限定在"半饱"状态。饭不能不吃，但不必吃得太饱，只要刚刚八分饱就好，钱不能没有，但不必太多，只要能满足日常所需便好。不是所有的愿望都应该得到百分百满足，不是所有的追求都应该达到极致，正所谓懂得知足，方能满足，对于任何追求都要学会适可而止，如此才能遏制贪心，懂得珍惜。

爱因斯坦到荷兰莱顿大学任教时，拒绝了学校的超规格待遇，只要求校方提供牛奶、水果、饼干等日常食物，外加一床一椅，一把小提琴和一张写字台。他认为有了这几样东西就足以正常生活和办公了。而我们现代人，从来就不满足于"半饱"的状态，事事追求"常满"，吃穿用度格外讲究，都期望住豪宅开名车，吃最贵的菜，随心所欲地购买自己想要的东西，玩乐一定要最 high，然而这种奢侈的享受并不能换来满足，反而激发了更多的贪欲，让我们对生活愈发不满。

我们的父辈没有宽敞的大房子住，屋里没有空调、电扇、冰箱、电视，衣服只有常穿的几件，吃的不过是粗茶淡饭，然而他们却感到很知足，从来没想过要比邻居更豪奢一点，也没想过怎么变得万众瞩目，只想简简单单地生活，踏踏实实地度过每一天。反观正处在社会转型期的这代人，无论想要什么，都期望得到最好的，而且不能容忍别人比自己拥有更多，在妒忌心和贪欲的刺激下，越买越多，越买越贵，然而自身的品位和内涵却没有因此得到一点提升，幸福感不但没有上升，反而直线下降了。这足以说明快乐是不能买来的，懂得知足，你不需要拥有太多，就能获得简单纯粹的快乐。

学会"断舍离"，跟过剩物欲说拜拜

约翰是某大型集团公司的高管，薪水涨到了7位数，有一个漂亮迷人的妻子，豪宅名车一样不少。在别人的眼里，他就是成功人士的象征，然而他却认为自己其实是生活的输家。有了挥霍不尽的金钱，他仍感到不满足，豪宅、名车、奢侈品，全都无法填平他日益增长的欲望。他渴望变得像比尔·盖茨一样富有，想要把所有能够象征地位和身份的东西统统买下，家庭影院、立体音响应有尽有，上等人应该拥有的东西他不但不缺，而且还有好几套。可是他并没有因为拥有了更多的东西而变得更幸福，反而总是莫名焦虑，生活得非常糟糕。

为了维持体面的生活，约翰忙得像一架停不下来的机器，他经常下班后把工作带到家里来做，忙到灯火阑珊时才有机会松口气。妻子抱怨他陪伴自己的时间太少，儿子嫌他没有到学校观看自己的橄榄球比赛。他感到很恼火："你们究竟想怎么样，我这么忙这么累，不就是为了让你们过上更好的生活吗？"接着他对妻子说，"我不努力工作，你哪有项链、珠宝、戒指可戴，哪有那么多好看时髦的衣服穿？"然后对儿子说，"还有你，你脚上穿的运动鞋超级贵，学校里哪个学生穿得起，而你却有好几双。"

妻子听了，把所有名贵的首饰都摘了下来："我可以不要这些东西，只希望我们一家人能够开开心心、快快乐乐地生活在一起。"儿子也说："我想让你到学校看我踢球、打球，我可以不要那么贵的运动鞋。"妻子又说："我真怀念你没升职之前的日子，那时我们虽然拥有得不多，却真的很开心。"约翰问："你想过回以前的生活？"妻子用力地点点头。"其实我也想。"约翰说。接着他开始整理和丢弃东西，把没用过的高价

9

器皿、没穿过的品牌衣服一样一样送人了，他没想到那些不用的东西整理起来居然有好几大箱，一个月之内，他把家里的大部分物品全都搬出去了。

看着越来越宽敞的居室，他开始思考当初为什么要花那么多钱买那些没用的东西呢？是因为别人拥有了自己也想拥有，还是因为仅仅是为了让别人羡慕？自己为什么要为别人而活呢？一番反思之后，他丢掉了90％的东西，只留下了少量必需品，剩下的东西每一件都不可或缺。最后他放弃了那份令人羡慕的工作，开了一家体育用品店，拥有了更多的私人时间，经常亲自下厨为妻子和儿子做美食，一家人常一起出去郊游，他们重新回归了原来简单快乐的生活。

在这个物欲横流的时代，人们的荷包鼓起来以后，首先想到的是"买，买，买"，越富有的人越想走在"爆买"的前沿，生怕自己不能引领时代的潮流，可是商品更新换代的速度太快，你花再多的钱也跟不上节奏。比如你刚买了最新款的 iPhone，没过多久商家就又推出了新款，你无休止地追逐下去，只会让相同的物品越积越多。

你在购买一样东西时，或许觉得它是非常必要的，越是没用越是稀有的东西，或许你觉得价值越大，因为它让你显得与众不同。等到经历了人生变故，心态变得更成熟以后，你会发现"以物品为中心"的活法是荒谬的，人不该被物奴役，而应该充分享受它提供给自己的舒适和便利。

也许你觉得豪宅、名车、钻石、高档时装、高级香水，会让你显得很成功很有品位，为了追逐这些东西，宁愿让简单的生活变得复杂化。可是在你付出了极高的代价真正得到这一切的时候才会明白，曾经追求的东西并没有那么大的价值，幸福的生活从来就与那些东西无关，真正能给自己的心灵带来愉快体验的是原汁原味的东西，比如家人无条件的爱，比如一碗没有加过任何作料的白粥，比如一间不大却温馨的小屋，比如健康自在的日子……

真正懂得享受的人，绝不会画蛇添足乱添东西，而是会选择奉行"断舍离"的理念，尽可能地将生活优化、简化。所谓的断，是指不去购买任何不需要的东西；舍指的是处理掉堆放在家里的无用之物；离指的是摆脱对物质的痴迷，还自己以大自在。"断舍离"的生活理念如今已风靡日本及欧洲各国，更多的人已经意识到追求越多、拥有得越多，活得越累，当你拥有的东西减少了，你反而更容易珍惜仅有的东西，求之不来的幸福感反而会因此不期而至。

现在发达国家的很多富人即使有车，出行时也会尽量选择骑自行车或步行，这样做既能锻炼身体，又能减少能源消耗，符合现代环保理念。而我国国民却依旧奉行"宁愿坐在宝马车里哭，也不愿骑在自行车上笑"的观念；苹果CEO乔布斯拥有上亿身价，他的服装却十分轻简，无非是几件黑色高领毛衣以及几套舒适休闲的牛仔裤而已，而有些人却恨不得用名牌从头武装到脚。我们真的需要那么多物品包装和修饰自己吗？答案当然是否定的，既然如此，我们何不舍弃该舍弃的，断掉做购物狂的念头，走出对物欲的沉迷，选择一种更健康更轻松更快乐的生活方式呢？

心灵的富有，从扔掉家中的多余物品开始

衣柜里塞满了数不清的漂亮衣服，外出参加聚会时，却发现找不到一件合意的；书架上摆满了各种刊物，上面积满了灰尘，大部分都没兴趣阅读；劳累了一天回到家里，总被随意丢在地板、沙发上的乱七八糟的东西搞得头昏目眩，无论待在哪里，心里都感到格外不舒服。整理东西的时候简直比上班还累，有时也想过把它们统统丢进仓库，眼不见为

净，可是面对这么多鸡肋般的东西，心里又无比纠结，舍不得将它们就这样草草清理掉。

如果你也有同样的烦恼，是该来次彻底的革命了，咬咬牙将没用的东西一律淘汰。建筑大师路德维希·密斯·凡德罗说："少即是多。"东西越少越精简越好，东西少，空间才能有更多留白。譬如一幅画，画面上铺满线条和颜色，就会显得杂乱无章，轻轻点染几笔，保留大片留白，看起来简洁、素净、优雅、意境迭出。房间亦是如此，物品简洁了，垃圾不见了，没有了多余的累赘，心灵也简洁了。

简约是一种生活方式，也是一种格调，更是一种人生哲学。奉行极简主义的人都从中受益良多。物品的削减，可以从另一个角度反映一个人心灵的纯粹和干净。眼前没有杂物，头脑中没有杂念，精神才能达到至纯至美的境界。极度削减物品，只留下不可或缺的物件，使你更容易将注意力集中到为数不多的必需品上，你的感官和感受力会因此变得更加敏锐。极简主义强调的是一种融于自然、回归自然的生活方式，选择极简生活，抛开所有华而不实的装饰，就等于遁离世俗的喧嚣和繁华，于闹市中为自己开辟了一方心灵的净土，让自己重新回归了朴素和本真。

32岁的杰森是一家知名杂志社的编辑，他收入可观，想要拥有什么就能拥有什么，他曾一度沉迷于各种数码产品、CD唱片以及各类特殊物品的收集，每次度假旅游归来都会带回来一大堆纪念品，每一样都价值不菲。朋友说走进他的房间就像走进了博物馆，里面的展品多得令人吃惊，还打趣说待在这么拥挤的地方睡觉还真是一件麻烦事。

杰森耸耸肩，从来也不表态，直到有一天他不小心摔倒，架子上的东西劈头盖脸地向他砸下来，搞得他分外狼狈，他才开始重新审视自己的生活。他反复问自己：那些东西真的是必要的吗？如果不是，为什么要把它们摆放在房间里呢？自己是真的喜欢那些东西还是仅仅是为了紧跟潮流向别人炫耀？既然它们并不是自己珍爱的，何必浪费空间呢？

仔细思考了一番之后，杰森将所有多余的物品统统打包处理了，仅留下了 4 条裤子、6 件衬衫和 5 双袜子，空荡荡的房间像审讯室一般，但它并不像囚室那般压抑，窗台上摆放着水仙花和仙人掌，一派生机盎然的景象。杰森待在这样的房间里饮茶、喝咖啡、听音乐、看报纸，觉得悠然自在，无限惬意。

每个人的生活空间都是有限的，如果你想把全世界的好东西都搬到自己家里，那么你的家绝不会变成富丽堂皇的宫殿，倒是极有可能变成垃圾场。物品足够精足够少，你方能追求到极致。心灵的富有，从扔掉家中多余的物品开始，丢掉多余的负累，你的内心将轻盈许多。要知道维持一个人生存健康的东西其实并不多，真正让你赏心悦目的东西更是凤毛麟角。你之所以要占有那么多东西，说到底都是占有欲在作怪。

生活的简单，归根结底，不过是欲望的简单。减去多余的欲望，时时整理和清理物品，纷乱复杂的生活也将归于简单和沉静。把不钟爱的、没有实际用处的、与极简生活方式不相符的物品以恰当的方式处理掉，细致地对待大浪淘沙后仅剩的物品，就像刚刚拥有时那样珍惜它们，静享一方通透明亮的空间，放飞心灵，你将发现快乐其实真的很简单。

简约生活的本质：简而不陋，实而不华

提到极简主义，也许你会认为它指的是割舍掉生活中的一切乐趣，回到没有汽车、手机、电视、网络的原始时代，把所有跟享乐有关的物品统统扔掉，仅能保留 50 件以下的生活物品，过着家徒四壁的苦修生活。这种看法显然太过表面化了。

极简主义并不等同于自虐式的苦修，也不是倡导大家告别现代文明，回归到落后、蒙昧、原始的洪荒时代，它代表的是一种理性享受生活的态度，主张衣不必奢华无度，食不在精细而在于健康，物品够用即可，没必要讲排场比阔气，不时地安步当车，细看天边云卷云舒，远离过分消费过度透支的混乱生活。

有人误以为只有经济拮据才会推崇极简主义，因为这些人购买力低下、经济条件有限，每次消费都必须高度慎重。其实并不是这样。很多富人也乐于过极简的生活。随着社会的高度发展，富人也同样遭受了来自生活和情感方面的压力，不少人已经放弃了那种有钱就任性的生活理念，开始提倡高品质的简约生活。比如美国总统奥巴马和 facebook 创始人马克·扎克伯格平时穿着很简单，着装风格已经形成了固定标签，虽然有时候他们也会被人批评不懂时尚、穿衣刻板，但是这种极简的生活方式，使他们不必在选衣服这种琐事上浪费太多的精力，因而他们可以更专注地追求自己的事业和生活目标。

极简跟铁公鸡般的吝啬是截然不同的概念，处处省钱，购买打折处理的廉价物品并不等于极简主义。比如你在促销季购买了两双便宜的鞋子，质量全都不过关，要么容易破损，要么挤脚，实在不想让脚受苦，还得继续重复购买，这样鞋柜就会拥挤不堪，那么还不如一开始就买一双质量和档次均属上乘的鞋子。所谓的极简关注的是品质，而非消费的多寡。

极简主义也不是简单的扔，扔，扔，就算你把屋子里的东西全部运送到废品收购站，大脑仍不清净，内心依旧被各种私心杂念填满，心头的负担一点也没卸下，扔掉了有形之物，无形之物还是塞满心间，自己仍得不到安宁、自由和快乐，那么你丢弃物品的行为不过是一种形式主义而已，对于你改变自己的生活方式、净化自己的心灵是一点帮助都没有的。

消极避世、愤世嫉俗的反物质做法跟极简主义也是背道而驰的，崇尚极简者并不否定物质文明。极简并非不要生活品质，也不是拒绝现代文明，而是要求你舍弃无用的东西，把精力、时间和金钱花在更有意义的事情上。极简主义的践行者照常使用手机、电脑，依然穿着舒适耐用的好皮鞋。

有些物品确实能大大方便自己的生活，你没有必要像消灭细菌一样把它们统统消灭掉。没有了洗衣机，手洗衣服至少要花上半个小时时间；没有了冰箱，你不得不频繁地到菜市场购买蔬菜和水果。科技和物质文明本来已经改善了人类的生活，你何苦为了疯狂地简化生活而降低生活质量？所谓的极简主义追求的是简洁和简约，而不是简陋，它指的是购置和收纳物品要恰到好处，取其所需，尽情享受更原生态的生活。

有一个出身中产阶级家庭的大学生有一天向父母宣布说他将消失一段时间，此后便杳无音讯。两年以后，几个到阿拉斯加荒野狩猎的猎人发现了一辆废弃的公交车，并在车内发现了他的尸体。他的名字叫麦坎德利斯，毕业于埃默里大学，家境殷实，本来有着大好的前程，然而这个条件优越的年轻人一心想要脱离世俗社会和物质文明，一个人孤身闯进了荒野。

临行前，他把所有的存款都捐给了慈善机构，一把火烧掉了仅剩的零钱，以一个超级流浪汉的身份长途跋涉，默默走进了人迹罕至的荒野，为的仅仅是追求一种原始、超然的精神体验。自然界向他展示了雄奇瑰丽的一面，也展示了压倒一切的冷酷，最终他没能挺过严酷的考验，在误食了有毒的食物之后，痛苦而缓慢地走向了死亡。

他的故事被报道后，在社会上引起了激烈的争论和广泛的热议，有人视他为真正的理想主义者，认为为纯粹而绝对的精神自由殉道是值得的，有人认为他是一个鲁莽、傲慢和自负的傻瓜，为了乌托邦式的理想赔上了自己的性命不说，还给亲人带来了无法想象的伤痛。

自由是有边界的，极简也是有边界的，你可以抛开生活中90%多余的东西，用精神充实留白的空间，但不能把剩余的10%的必需品也丢弃。极简不是为了宣扬极端的禁欲主义，而是为了使你抛开不必要的负累，多多关注内心的需求和生活品质，为了追求纯粹的精神理想而降低生活质量，显然是一种本末倒置的行为。我们要真正理解极简的概念，追求简而不陋、实而不华的健康生活，才能使自己身心受益。

脚步慢下来，让幸福追上你

富兰克林说过这样一句经典名言"时间就是生命，时间就是金钱。"这句话深刻影响了工业化浪潮裹挟下的整个世界，越来越多的人化身为庞大社会机器上的小小齿轮，每天忙碌个不停，时时都处在加速状态。"快"已经成为了一种社会潮流，尤其是在人口爆棚的一二线大城市，大部分人都能不同程度地感受到快节奏生活给自己带来的巨大压力。

生活在加急时代，人们精神高度紧张，心态越来越浮躁，遇到一点鸡毛蒜皮的小事就着急上火，大部分时间都活得很累很不开心。很多人厌倦了忙忙碌碌的日子，希望放慢脚步从容生活，拥有更多的时间去感受生活的乐趣。一场"慢"的革命正悄然兴起，慢游、慢吃、慢思考、慢运动，给疲于奔命的都市人带来了颠覆性的改变，使生活呈现出细腻、从容、优雅、纯粹、朴素的品性，更重要的是让人们能放空心灵、尽情享受生活的美好。

也许整天加班加点忙得焦头烂额的你，会带着疑惑的眼光问：慢生活是可行的吗？在这个讲求效益和速度的时代，大家都在拼了命地向前冲，自己慢下来，是不是要面临被淘汰的风险？其实是你把问题看得太过复杂了，学会运用极简思维思考问题，这样的疑虑就不存在了。人们之所以行色匆匆，无非是因为物欲太过旺盛，总希望用更多昂贵的商品来填补内心的空虚，于是社会便陷入了一个奇怪的循环怪圈，绝大多数人都在忙着拼命赚钱，忙着疯狂消费，竞争忽然变得空前惨烈。如果你能节制物欲，乐于尝试极简生活，那么奔忙的脚步自然而然就慢下来了。

"慢"是一种生活态度，它和极简主义是一脉相承的。快节奏的劳碌式生活方式，让生活变得粗糙和匆促，让心灵变得疲累不堪，从某种意义上说，它是违背健康自然的人性的。人活着不能只靠物质支撑，人是需要一点精神的，当你觉得片刻的歇息都极为奢侈的时候，那么是时候让自己停下脚步好好歇歇了。

极简主义是从整理物品开始的，这种看似简单的行为将带着你逐渐过渡到精神层面的整理。在你慢慢整理衣橱，慢慢处理过剩的物品时，用不了多久你就会明白该如何梳理自己的人生。学会与物相处，学会断舍离，你会慢慢发现原先那些让你焦虑急躁的事情，其实都是毫无意义的，与其忙着赚钱忙着血拼，忙着用物品证明自己，还不如舍弃一切该舍弃的，去过一种朴实无华的慢生活，从此闲庭信步看花开花落，怡然自得笑看草长莺飞，感受诗意的栖居，在浮躁喧嚣的世风下，追寻一种铅华洗尽的质朴和真实。

简是一个媒体人，每天忙着采访、写稿，腾不出片刻休闲的时间，有时候连坐下来安静地吃碗饭的工夫都没有，常常是一边赶稿一边匆忙地吞咽泡面。由于压力太大，简心情烦躁得很，遇到一点小事就发脾气。有一天，她在收拾杂物的时候，不小心被一只红木箱绊了一下，顿时怒火中烧，一气之下竟把那只价值不菲的名贵木箱搬进了仓库。

曾几何时，她开始迷恋上了中式古典的红木家具，认为只有那些用稀有硬木做成的优质东西才配得上自己的身份和品位。为了满足这种恋物癖，她每天加班加点地工作，希望多写几篇精彩的稿子，早点在业界莫定自己的地位，赚更多的钱买下所有自己喜欢的东西。而今她的家中已经有了好几套红木制品，可是她的生活品质并没有因此得到提升，反而呈直线下降的趋势。她已经很久没有好好品味一顿美食了，好久没有阅读钟爱的古典名著了，也好久没有练习画画了，画笔、颜料全都蒙上了一层灰尘。自诩为文艺青年的简，竟然在劳碌奔波中变成了一个自己不认识的人。

痛定思痛以后，简把家里的红木家具全都卖掉了，从此不再追求和收藏任何天价物品，她的生活因此重新回归了正轨，脚步渐渐慢了下来。她又开始阅读和画画了。周末经常到户外爬山、逛公园，活得格外潇洒惬意。而今望着行色匆匆的人群，她感到格外庆幸，心想多亏自己及时停了下来，否则一辈子都不会拥有淡定平静的生活了。

约翰·列侬曾经说过："当我们正为生活疲于奔命的时候，生活已经离我们远去。"快生活从我们身上夺走的不仅仅是健康，还有对生活的美好体验以及生活本身。我们为什么会选择这样一种有害的生活方式呢？

归根结底是因为我们相信时间就是金钱，金钱就是物质，而物质则能代表我们自己。当我们静静地面对那些杂乱、昂贵却没有生命力的物品时，会突然意识到把时间花费在加班赚钱和逛街花钱上是多么不值得。有时候我们没有意识到选择权在自己手里，总是误以为是社会这架高速运转的庞大机器逼迫着我们没命地向前奔跑，却不知道只要我们去除多余的欲望，让心灵的节奏先慢下来，脚步随时都可以慢下来。等你把脚步放慢，幸福随时都能追上你。

交友在"精"不在"多"

你是否有过这样的体验：结交的朋友越来越多，朋友圈越扩越大，但在热闹的人群中时常茫然四顾，反而觉得自己更加孤独，抑或是每天在微信、qq 上跟天南海北的好友聊得不亦说乎，然而在需要人安慰时却收获不了一句真心话。这就是过度社交带来的问题。虽然在内心深处，每个人都渴望多交朋友，渴望自己能被更多的人了解，但对于交友，最重要的是质量而不是数量。事实上，一个人终其一生，真正的挚友不过三五个而已，而知音至多一个，大多数人不过是泛泛之交，能够给予你的友谊是非常有限的。

推崇极简生活的人，在社交方面也提倡极简。爱上极简生活以后，你会发现跟一群不熟悉的人频繁参加 party 或是逛街吃饭实在是一种非常不极简的行为，在那种不和谐的气氛里你可能受到冷遇，也可能要强颜欢笑，还要说着言不由衷的话，费尽心思地引起其他人的注意，没有一刻能过得自在安心，这样的社交有什么意义呢？

也许你会说多认识些朋友总是有好处的，常言道朋友多了路好走，现在花些时间花些金钱广交各路豪杰，就是为了给美好的明天铺路啊。这种想法未必太过一厢情愿了。酒肉朋友，在一起玩闹的朋友，交情只停留在很浅的层面上，彼此之间的关系是很脆弱的，别人凭什么让渡自己的利益来帮助你呢？可能你计划着把某些人发展成潜在的客户，一心想着签笔大单，甚至把这种社交当成工作的需要。但需要注意的是应酬也该有所节制，有些应酬可能对你的生活和事业没有多大帮助，能删减就尽量删减吧，找个借口推掉，把省下来的时间多多陪伴知心好友和家人，让自己过得更安心快乐些吧。

解决了过度社交的问题，你就可以把更多的心思用在经营真正的友谊上。朋友之间的关系是需要长期维护的，以前友情再深厚关系再牢固，如果长时间不联系，彼此也会逐渐疏远，感情也会渐渐生疏。所以若是同在一座城，最好常常小聚。假如为了各自的理想和生活，已经天各一方，要抽出时间打个电话嘘寒问暖，尽可能地给予对方"海内存知己，天涯若比邻"的温暖感觉，这样就不用担心因为空间和地域的阻隔，两人会由挚友转变成相忘于江湖的陌路人。

杰克是个大忙人，每天忙着运用 Facebook、YouTube 等社交网络联络一大群朋友，长期沉迷于手机和网络中，无论生活中发生了什么事，都秉持着有图有真相的原则，全要拿出来晒给朋友们看看。每个月他都会定期和新认识的朋友聚会、吃饭，时而与别人畅谈古今，时而在觥筹交错中享受一种被酒精淹没的麻醉感。其中有个朋友被他发展成了长期客户，他顿时受到了极大的鼓舞，决定以后要像撒网一样结交更多的朋友。

从此杰克开始从社交网络上关注更多的朋友，线上大家热聊不断，线下频繁聚在酒桌饭桌上，然而一起吃喝玩乐了多年，杰克并没有结交下几个真正的朋友。有一天他被老板点名批评，心情非常郁闷，很想找个人倾吐心事。查看手机中的通讯录时，他才发现里面存满了号码，但却找不到可以和自己倾心交谈的人。只有一个号码引起了他复杂的心绪，那是他从小玩到大的朋友比尔的号码，两人以前好得像一个人一样，现在已经多年没联系了，他不知道比尔的境况如何，猜测对方可能出国了，也可能在某个遥远的地方教书。

杰克望着那个号码发呆，他想比尔应该早就换号了，毕竟这么多年过去了。他用颤抖的手拨过去，没想到电话竟然打通了。一个熟悉的声音传了过来，两个人不知不觉就聊了起来，他没猜错，对方果然在西部地区教书。比尔对他说过段时间会回家乡看看，到时会专门去看他。挂掉电话以后，从来就不哭的杰克竟然流下了眼泪。

过了一段时间，比尔果然从远方回来了，为了给他接风洗尘，杰克免不了一番破费，把他请进了高级餐厅，点了菜单上最贵的菜，临走前还坚持要雇专车为他送行。比尔感到有些不自在："你跟我还这么客气干什么呢？我想一切从简，但又不想驳了你的面子，以后不要再这样了。"杰克点点头，看着比尔逐渐远去的背影，忽然感到无限落寞。

真正的友谊是不喧嚣的，靠人多势众、欢乐气氛维系的友谊多半是不靠谱的，对于真正的朋友，只需尊重彼此的感受和习惯，用简单的方式交往就足够了。高质量的社交其实往往是最简单的，大家不用衡量彼此利益的交换，不用点最贵的红酒吃最贵的菜，不用强装笑脸好话说尽，只要一切从简即可。

说走就走的旅行，原来可以这样简单

人们觉得生活压力大时，都想逃离钢筋混凝土构成的水泥森林，渴望离开熙熙攘攘的都市，到大自然中寻求一种别样的生活。旅行是调节心情、缓解压力最好的方式，在一个地方待久了，难免感到麻木和厌烦，总是按部就班地做着同一种工作，有时确实觉得无聊至极，每天为房子、车子、票子奔波劳碌，皮鞋上积满了疲倦的灰尘，若是能到一个陌生的地方，尽情地流浪，那种体验一定是无比新鲜和有趣的。从某种意义上说，人们需要旅行，主要是为了换一种活法。

旅行本应该是轻装上阵的，然而对于物欲熏心的人来说，旅行本身就是一件麻烦事。首先是资金的问题。有的人认为出门旅行就是为了享乐，穷游不算真正意义上的旅行，背包客、驴友翻山越岭、长途跋涉，偶尔还要风餐露宿，纯属自讨苦吃，根本就不能享受到旅行的乐趣。旅行是富人的活动，只有有了一大笔钱，才能坐在豪华的头等舱里，舒舒服服地欣赏外面的蓝天白云，才能在最美的海滩上懒洋洋地晒太阳，才能待在装修考究的星级宾馆里，以优雅的姿势手捧高脚杯，慢慢酌饮红酒。这个目标是很不容易实现的，所以很多人奋斗了一辈子，也没有去旅行。

对于极简主义者来说，旅行是一件非常简单的事，即使身上没有旅费，只要有一颗想要流浪的心，随时都可以迈开脚步到达任何自己想要到达的地方。旅行最重要的是经历和体验，而不是奢侈享乐。只有弄清这一点，你才能从中找到真正的乐趣。

人们出行的第二件麻烦事就是把行李箱里塞满了各种各样的生活物品，毛巾、衣服、牙刷、牙膏、医药箱一应俱全，恨不能将自己的行李箱变成百宝箱，以至于托运行李都成了体力活，接下来的路程怎么还有心情欣赏风景呢？出行的目的本来是为了放松身心，把自己搞得像逃难一样累，一路上拖着沉重的行李，俨然一副颠沛流离的落难者形象，这样的旅行岂不演变成了一场自虐式的出游了吗？

轻松的旅行，只要背上简单的行囊就可以了。你只有让自己的身体更加自由，心灵才有可能自由。不要携带太多的物品，也不要盲目相信自己的体能，带的东西要尽可能轻便，不要给手无缚鸡之力的自己增添不必要的负担。

皮特是某跨国公司的老板，每年都会定期旅行。不过和一般有钱人不同的是，他不会随身带很多现金，也不会带很多东西，而是更喜欢轻装简行，热衷于像普通的背包客那样穷游。他的足迹遍布中国云南、西藏，尼泊尔等地区，沿途中的青山绿水、雪域高原、密林峡谷，就像一幅幅绝美的画卷给他的心灵带来了极大的震撼，在亘古的大自然面前，他觉得人类很渺小，这种奇妙的感觉是他在灯红酒绿的都市永远体会不到的。

皮特也很喜欢所到之处的异域风情，他用好奇的眼光观察着地球上存在着的任何一个美丽的角落，以独特的视角观察着那里的人们。一张张迷人的笑脸，总是让他思绪万千。一幅幅生动鲜活的生活画面有如黑白胶片一样充满质感，这些画面在他的脑海里剪辑重组，构成了独特的蒙太奇镜头，给了他很多灵感。

旅行让他明白人类的生活方式不止一种，在地球的另一端，没有灯火迷离的霓虹街市，没有繁华与喧嚣，只有宁静的幽谷和淳朴善良的人们，他们拥有朴素的情怀和朴素的价值观，崇拜大自然，热爱劳动，热情好客，过着幸福快乐的生活。皮特在羡慕之余，也开始追求这种简单至极的生活，人生观、价值观随之发生了颠覆性的改变。

旅行的意义不在于吃喝玩乐，而在于能让你卸下心灵的负担，放下世事的繁芜，去体验一种截然不同的生活。沿途中旖旎动人的自然风光、丰富多彩的民族风情、历史悠久的古老遗址和建筑，给你带来的独特体验是无可比拟的，你只有真正在路上，才能看到不一样的人间奇景。这些体验是无价的，与你所拥有的东西无关，与你下榻到哪个旅店，乘坐哪种交通工具无关，遥想古人没有任何先进的交通工具，仅凭一双脚就走遍了名山大川，写下了无数脍炙人口的佳篇名句，这是一味沉迷于物质和享乐的现代人永远所不及的。

极简风潮流行的 N 个成因

贝拉是某广告公司的资深策划，收入比较可观，经济相对比较宽裕。她居住在一所百余平方米的高档公寓内，每个月都会花数千元购买新鞋、新包和新衣服，衣柜里的衣服超过了 300 件，鞋子多得好几个鞋架都放不下，家里看起来拥挤凌乱不堪。她曾经花了两万多块钱买过一只奢侈品牌的皮包，买了好几年也没怎么用过。

贝拉每天都会花很多时间试穿各种外衣，每次出门都要为该选哪件衣服而烦恼。她还买了一大堆各式各样的图书，不过它们的作用仅限于装点书房，大部分书她都没有读过，她总是以为自己终有一天会翻开一本书津津有味地阅读，但那一天似乎永远也不会到来。

贝拉现在可以随心所欲地购买自己想要的东西，即便大部分东西都是放在家里发霉，根本没有实际用处。拥有这些东西，她确实快乐过一段时间，觉得自己过上了好日子，具备了一个白领该有的品位和风范。可是渐渐地，她开始意识到自己所拥有的东西实际上是一种莫大的负担，收纳和维护它们，耗费了她大量的时间和精力，这种烦恼持续发酵，逼得她不得不做出改变。

她决定追求一种简单有序的生活，转让、赠送了200多件衣服和大量的家具用品及图书，将个人用品减少到75件，如今她的东西少了，烦恼也少了，从此不必再花费心思去照看它们了，有了更多的时间和金钱，她开始寻找更有意义的事情，生活变得充实和丰富起来。

在这个以占有更多的物质和社会资源为荣的时代，极简主义的理念显然是逆潮流而动的，那么它为什么会风靡于很多个国家和地区呢？答案很简单，因为这种生活方式对于人们的身心是有益的，越来越多的人发现，拥有得越少，反而会更自由更快乐，于是由拜物到减物就自然而然地成为了一种新型的社会思潮。那么这种思潮究竟能带给我们哪些具体的好处呢？

1. 减少花费，使你更容易实现财务自由

当你想要购买的东西减少，开销就会大幅度减少。没有多余物品的积压，就不用浪费时间和金钱存放、维护、保养和修理这些东西。比如你有好几款限量版皮包，为了使它的皮质始终保持原来的状态，需要耗费不少心思保养。一旦有了污损，修补起来又要破费一番。假如当初买的是一种普通版的耐用的皮包，一切的麻烦都可以省了。

当你对物质的欲望变淡以后，就会越来越倾向于把金钱花在实处，这样就更容易实现收支平衡和财务自由。有的人认为只有拼命花钱，才能产生更强大的赚钱动力，其实事实恰恰相反，赚得越多花得越多，不去控制物欲，花得永远比赚得多，即使你收入再丰厚也可能解决不了当前的财物困难。世界上曾经拥有数亿美金，在短短几年内将全部家产耗光，最终负债累累的名人比比皆是。你如果不想步其后尘的话，应该反思一下自己的生活，考虑一下有没有改变的必要。

2. 让你活得更轻松更自由

物品越多，家里越脏乱，这种杂乱的场景会无形中给你带来很多压力。一个极简的家，方能给你带来更多的舒适感和安全感。再者，东西少就意味着你不用浪费太多时间清扫，假如你的房间里堆积的物品就像百货商场一样丰富，那么清扫工作就会变得令人望而生畏。尝试去过极简生活，可以让你从工作压力中逃脱以后，真正过上一种轻松惬意的私人生活，至少能保证你不会被繁重的家务缠住，不会看着杂乱的空间产生一种可怕的窒息感。

3. 符合环保理念

消费越少，消耗越少，对环境造成的污染也就越少。当你大包小包购买物品的时候，一只只塑料袋堆积起来就变成了白色垃圾。减少购物的频次，在一定程度上可以减少对环境的污染。以交通工具为例，私人飞机和私家车都会给大气带来污染，骑车出行或搭乘公共交通工具有助于减少碳的排放量，可以让你为环保事业尽一份力。

4. 可以让你享有更高品质的物品

物品的数量和品质一向都是成反比的，你拥有的物品越多，精品就会越少。你的衣橱里可能挂着数十件平庸的衬衫，它们全都是你心血来潮时买下的，真正喜欢的其实没有几件。如果这样，当初你何不买几件自己喜欢的衬衫呢？一件钟爱的东西胜过一堆没感觉的东西，少而精才能提高物品的档次。

5. 可以帮助你从比较游戏中解脱出来，减少不成熟消费带来的压力

人在天性上就非常善于跟周围的人比较，看到别人拥有了更新换代的高科技产品或是穿着时髦的衣服，自己也想马上拥有，在嫉妒心的驱使下，往往会盲目消费，购买大量不需要的物品，给自己带来莫大的财务压力。奉行极简生活，不去跟别人攀比，意味着更少的负债，更少的财务压力，更多的自由，更少的家务和清理工作，这样的生活方式一定比你占有很多物品时，更舒心更快乐。

第二章 与物相处，增减皆须章法

极简主义者主张去过一种不持有的生活，强调『如非必要，勿增实体』，在添置物品方面，号召人们要保持一种谨慎的态度，在减物方面，则鼓励大家要大胆扔，大胆抛弃。也就是说要尽可能地不添置无用的物品，同时要豪爽地扔掉生活中所有的多余物品，不把物品减少到无以复减、无从删减的程度就决不罢休。

当然减物只是一种手段，减少物品的占有，主要是为了给自己腾出更多的时间和精力去做更有意义的事情。处理物品，本质上是在梳理自己的人生，重塑一种新的生活方式。关于该如何简化生活，应将物品减少到多少件为宜，需要根据自己的实际情况而定。每个人都有属于自己的心理舒适区，没有必要把家里极简到空无所有，减物和增物一样，都要遵循一定的章法，不要过多地违背自己的自由意志，只需遵从内心的感觉就好。

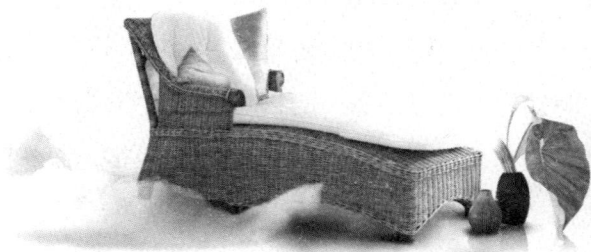

一张购物清单解决血拼问题

想要过上极简生活，必须从狂热消费转变成理性消费，尽量少买东西，改变经常到商场血拼扫货的习惯。简言之，就是要遵照"如非必要，勿增实体"的原则，既不要购买太贵的东西，也不要去买一大堆便宜货，只买自己真正需要的东西。当然，想要一步做到这一点并不容易，你必须反思过去的生活，才能避免今后犯下同样的错误。

你是否喜欢漫无目的地逛商场，看到琳琅满目的商品和装满物品的货架，立即就被吸引住了。走出商场时，大包小包地买了一大堆不必要的东西？事后才发现买错了东西，大堆货品中竟没有几样东西是自己心仪的，大部分物品一点实际用处都没有。这就是盲目消费造成的恶果。为了避免同样的情况再次出现，出门购物前，你最好先列一张购物清单，清单以外的物品一样也不要增添。列完清单以后，逐一对上面罗列的物品进行排查，问问自己这些东西是现在必须要买吗？买几件最合适？对于数量多的物品，最好进行适度的削减。比如毛巾，三五条已经够用，没必要一次性购买太多。

大多数头脑发热的消费者心血来潮时，都喜欢大批量地购买打折处理的物品或是买一赠二的物品。每到促销旺季或是某个商场搞活动，门口必会排起一条长龙，不少顾客还是远道而来。这显然是贪小便宜的心理在作怪。明知道是自己不需要的物品，但是看到价格这么优惠，不免就有些心动。尤其是看到价值好几百块的羊毛衫，忽然降到了 200 块，心想如果错过了这个优惠的时期，以后再买就更贵了，于是一口气买下了好几件羊毛衫，似乎全然忘记了家里的衣柜里已经有好几件同款的羊毛衫了。如果你也是这样的一位消费者，那么出门前拟写一份购物清单就更加必要了，记住，不要在清单上添加已有的东西，坚决要杜绝重复性购买，不要被促销季和商家的各种活动牵着鼻子走，对于各种物品，如非必要，一件不添。

露西是一个超级购物狂，几乎把每个商场都看成了购物天堂，无论是外国品牌还是国内品牌的东西，她只要看到各种牌子的东西都想买。买衣服的时候她比较倾向于到专卖店，因为可以省下讨价还价的麻烦。但是一遇到品牌商品大甩卖或大降价，她都会在第一时间冲进商场，每次都会买好几大包东西，自己拿不动，就让男朋友帮自己拎，更夸张的是有时候男友也不堪重负，她只好专门雇了一辆车把东西运回家。

虽然经济条件不错，露西却始终对免费的东西和优惠的东西很感兴趣。有一次她为了得到一只免费赠送的漂亮小杯子，竟然花高价购买了一整套茶具，可笑的是平时她根本就不喝茶。朋友笑话她时，她却振振有词地说："我可以用这套茶具来喝水呀，也可以用它来招待客人。"又有一次她为了得到一条免费的印花床单，买下了一整套自己不喜欢的床上用品，结果那条印花床单铺到了床上，而其余用品则成了压箱底的废弃物。

免费的东西属于额外的赠送，它们总能让人乐此不疲。很多人获赠了一件不值钱的日用快速消费品，就像中了大奖一样高兴。比如刚刚购买了一台电磁炉，马上获赠了一瓶洗洁精，潜意识里便认为自己赚到了一瓶洗洁精。殊不知那瓶洗洁精大多是商家以批发价采购来的，价格明显低于零售价，消费者其实连一瓶洗洁精的优惠价都没有赚来。更离谱的是，有人竟会因为某些免费的小礼物、小赠品，花大价钱购买一系列与之配套的东西。为了避免上述情况，你最好在制作购物清单时，将所有与免费赠送商品捆绑到一起的套餐产品全部排除在外，这样家里就不会无故添置一整套杂物或一整套压箱底的垃圾。

如果你真的中意某个精致的小赠品，可以考虑通过其他途径购买，不要想着以购买更多的东西为代价免费获得该产品。作为一名理性的消费者，你需要明白，在商品经济社会，天下没有免费的午餐，免费的午餐通常都是香饵，它的作用在于引诱你花更大的价钱购买更多不适用的东西。你若真对那顿午餐感兴趣，那么就爽快地付费吧，不要抱有不切实际的幻想。

给自己一个非买不可的理由

列购物清单是实现极简生活的第一步，那么怎样才能制作出一份靠谱的购物清单呢？首先你要弄清什么东西是必须买的，什么东西是不该买的。为了厘清思路，你需要及时审视一下当下的生活。打开衣橱，你会发现，里面有好几件颜色、款式、风格、质地都极为类似的衣服，这能代表你的某种特殊偏好吗？不能，它只能说明你喜欢不停地购买同种类型的东西，而这样的东西其实有两件已经足够。打开杂物柜，你会看到，半年前买来的洗手液、护发素到现在居然还没有用完，类似的东西在家里囤积如山，这说明你倾向于大规模地购买和囤积消耗品，对于物品数量的控制全然没有把握。

制作购物清单时，既要考虑添置物品的必要性，又要考虑质量和数量方面的因素。什么样的物品是必须买的呢？是不是心里想要的东西都该买呢？你可能想要一架波音飞机，但是并不意味着你就该买下它。可见想要和该买是两个概念。你可以从功能性方面考虑，弄清什么东西是非买不可的。以衣服为例，购买之前你最好能明确它的功能和用途。工作时必须穿的正装需要购买多少件，平时居家穿的休闲装需要购买多少件，参加各种聚会穿的晚礼服需要购买多少件。

添置其他生活用品，可以参照同样的方法，明确了物品的用途之后，再把它列入购物清单。购置任何东西，都要进行严格的审查，给自己一个非买不可的理由，理由不够充分不要购买，现在用不到以后可能用到的东西，日后再买。买来的东西是为了物尽其用，所以实用和耐用才应该成为最重要的参考标准。

艾玛列的购物清单特别长，最短的清单至少得用两张纸，上面罗列的物品可谓丰富之极，小到香皂、花露水之类的小物件，大到多功能电锅、电热壶之类的大物品，一应俱全。因为要买的东西太多，出行时她必须自备购物小推车，每次都是满载而归。以前，艾玛从来就不写购物清单，到商场闲逛时，无论看到什么好东西都会买下来，结果搞得家里像仓库一样凌乱。

朋友建议她购物前列一张清单，她照做了，可是没想到这种方法不管用，不知为什么她又买了很多东西。朋友对她说："你的购物清单拟写的很不合理，有些东西是没有必要买的。"说着就把好几种锅具划掉了："你既然打算购买集煎、炸、炒、烙、蒸、闷、涮等各种功能为一体的多功能电锅，就没有必要再单独买电炒锅、电饭煲和电热火锅了，购买两个功能重复的产品分明就是浪费。还有你怎么又要买这么多笔？你打算开文具用品店吗？"

艾玛皱着眉头说："以前买的都不好用。"朋友叹口气说："选东西一定要选耐用的，不要总买那些容易坏掉的。"看到购物清单第二页的时候，朋友又说："前些日子你不是已经买了很多衣服了吗？怎么又要买这么多？你淘汰衣服的速度简直比超模还快。"艾玛说："穿腻了当然要买新的，所谓旧的不去新的不来。""你那些旧的处理了吗？"朋友追问道。"没有，还在衣柜里呢？"

朋友建议说："你以后买东西的时候，千万要三思，不要因为一时兴起乱买东西，而要买能让自己长久喜欢的，最好是耐用的，这样就不会在家里堆积那么多没用的东西了。"艾玛点点头，眼看两页购物清单上的内容至少有一半内容被朋友划掉了，她把剩下的东西整理了一下，刚好一页纸，拿着新的购物清单购物归来，她感觉心情大好，因为重要的东西都买来了，多余的物品被及时从清单中清除了，这下她不用再为整理过剩的物品烦恼了。

花钱买东西一定要严把质量关，尽量选购能长久使用的好东西，用不了多久就会加速折旧报废的东西少买，毕竟家里不是废品回收站。有的人认为与其买一双若干年也穿不坏的高档鞋，还不如陆陆续续买几双物美价廉穿几个月就淘汰的鞋子，理由是总穿一双鞋会腻的。问题在于经常添置、处理鞋子其实也是一件麻烦事，与其没完没了地购买丢弃，还不如买一双久穿不腻、自己真心喜欢的，价格稍高一点也不要紧。

添置物品时，考虑多种因素，比如它的性价比如何，是否持久耐用，使用起来是否舒心，它有无立即购买的必要，自己是不是真的很喜欢。需要注意的是，任何物品，功能性和实用性都是一个硬指标，没用的东西尽量不要购买，争取在减少荷包的缩水程度时，尽可能地为自己的日常生活减负。

告别"恋物癖"，不做"囤积狂"

安妮有着严重的囤积癖，不知从什么时候开始，她养成了囤积东西的习惯，任何一次冲动性购买的物品都被她囤积到了自家的起居室和客厅里。她那所位于马萨诸塞州的两层小楼里，每个房间都堆满了杂物，给人一种要窒息的感觉，很难想象这样的环境居然能够住人。安妮的卧室简直跟储藏室没有什么区别，各种物品泛滥成灾，床上、床头柜上堆满了各种小饰品，这些东西她全都舍不得扔，所有的旧物都被完好地保存了下来，新东西又源源不断地添加了进来，她的物品时不时地从可控区间里溢出，给她的日常生活带来了极大的不便。

每当别人劝安妮把多余的物品清理掉的时候，她总是说也许那些东西以后还能派上用场，实际上很多物品她已是许久没使用过了，估计以后也不会再使用了。就在她面对着一堆堆旧物发愁的时候，那些有关"不容错过"的广告还在一个劲地朝着她大喊，她抵不住诱惑，又买了不少东西，于是陷入了疯狂购买、疯狂囤积的循环怪圈。

在美国，有很多人像安妮一样患有强迫性囤积症，这些人添置物品时非常不理性，积压了大量旧物又难以理性地舍弃，杂物越积越多，直至不可收拾。生活中，房间里难免会积压一些旧物，特别是在一个地方住久了，自然要陆陆续续地添置一些东西，时间一长，屋子的各个角落必然会混乱地堆积着各种无用的杂物，如果你也像安妮那样有囤积癖，舍不得辞旧，却时常迎新，那么生活的空间将被大大压缩。

为了让生活回归正常，你必须学会适时清理旧物。也许你舍不得将这些物品大范围地丢弃，因为每样物品都是人民币换来的，扔东西就像往大海里扔钱一样令人心痛。不妨换个角度想一想，你花钱购买东西是为了让自己活得更开心，而不是为了让自己活得更累，大多数的物品都是有使用期限的，超过期限就应该报废处理，当扔时不扔，杂乱无章的生活就永远都不可能结束。

扔东西虽然会或多或少地给你带来一定的痛感，却是你必须要走出的一步。一年没穿过的衣服一年没使用过的日用品，统统扔掉好了。既然在过去的一年里，你跟它们没什么亲密接触，依然可以过得很好，那么以后这些东西统统消失不见了，也不见得会给你造成什么消极影响。唯一可以确定的是，这类物品均属于"过去式"了，在漫长的时间里没有为你做出任何贡献，也不曾在日常生活中发挥任何积极的作用，除了挤占空间外别无他用，那么你还犹豫什么，马上做个欢送仪式，把它们一起送出家门吧。

也许你会认为现在把旧物丢了，万一哪一天要用，岂不是还得花钱买新的，这不是浪费吗？这种担心完全是多余的。通常情况下，你一年没用到的东西，以后若干年也不会用到，很可能这辈子都不会用到。倘若有一天真的用到了，你也无须后悔，再买样新的就好了。事实上大多数杂物旧物都是废物，能变废为宝，进行废物利用的概率微乎其微，日后可能用到的概率就像中彩票一样小，你没有必要为了可能用到的一两样东西，固执地守着垃圾堆就是不肯痛下决心清理。

不要以为自己擅长收纳擅长整理就不用扔东西了。事实上，越是擅长收纳的人，越容易囤积没用的东西。当你把东西都分门别类地收进箱子、柜子、盒子以后，长时间不用，自己也不清楚究竟收藏了多少东西。直到你不断地往里面添加新的物品，发现衣物间、衣柜、鞋柜、储物箱已经完全被塞满，再也装不下任何东西时，才会意识到自己收纳了多少不必要的东西。如果你舍不得丢掉旧东西，又忍不住要添置新东西，那么只好不停地选购新的柜子、箱子，没完没了地缩小自己的领地，增加物品的收纳空间，如此一来，你的房间从功能上已经变成了一个标准的储物间，那么物品就成了屋子的真正主人，你反而成了打理它的仆人，这多少有点鸠占鹊巢、喧宾夺主的意味。

为什么要甘于让物品挤占你的生存空间呢？是为了节俭，还是因为长期和它们相处，培养出了"相看两不厌"的微妙感情。别把收集旧物当成节俭，那不是一种美德，而是属于一种囤积癖。不要在杂物上寄予太多的感情，虽然它们全都是钞票换来的，失去了功能性就该让它们光荣退休，及时下岗，腾出位置腾出空间，给自己的视觉上多点留白。清理杂物可以从各种收纳柜和收纳箱开始，把不常使用的东西全部处理掉，将剩余的东西整齐摆放好。至于分布在屋子各个角落零散的东西，最好全部收拾干净，这样整个房间才能呈现出前所未有的清爽气象。

把控好舍与弃的尺度

清理旧物时，总有一些东西是你割舍不掉的，你可以找出无数个理由拒绝将它们处理掉，比如它太贵了，当初可是花掉了你整整一个月的薪水，再比如它承载着过去的美好回忆，可以让你睹物思人，追忆过往。的确，在这个世界上总有些东西是你希望永久保留的，尽管没有人清楚永远有多远。好吧，如果某样东西对于你来说，确实具有特殊纪念意义，那么就让它们留下来吧。但是保留的物品千万不能太多，在数量上一定要做到精简。

走上极简之路，最为关键的一步就是舍掉恋物情结。有价的东西还是不要保留为好，它们不过是过眼烟云，若是使用频率已经降低到了无限接近零的程度，那么便是时候该丢弃了。无论你当初花了多大的价钱把它买下来，事实证明，它只是一个没用的摆设，既然如此，又何必继续收藏它呢？

比如你偶然间买了很多金灿灿亮闪闪的饰品，觉得它们太过招摇了，平时不好意思佩戴，那么干脆就把这些东西卖掉吧，用所得的钱换些低调奢华、不俗气而又有档次的东西，岂不是更好？再比如你为了追风潮赶时髦，头脑发热买了好几条花哨的领带，每一条都很贵，花掉了你不少血汗钱，但是它们跟你的形象气质完全不匹配，想扔又舍不得，放在家里又没什么用，一时不知如何是好。其实遇到这种问题无须太过纠结，把它们送给更合适的人就好了。慷慨一些，大气一些，既能为自己换来人情，又能妥善处理好弃之不用的物品，何乐而不为呢？

有些照片或者是一些具有特别纪念意义的东西，你这辈子都舍不得扔，那么就把它们妥善收藏好就可以了。每个人都有自己珍爱和珍视的东西，这些东西不能用使用价值来衡量，却能给你的心灵带来莫大的慰藉，这样的东西你没有必要强逼自己扔掉。物对人的价值，不只是取用那么简单。有些东西虽然有形，但却不能用金钱衡量，比如珍贵的照片、信件、特别重要的人赠送给你的小礼物等等，它们能开启你记忆的闸门，把你带回某个终生难忘的时刻，让你的心底涌起或甜蜜或酸涩的复杂感觉，如果有一天它们消失不见了，你必定会认为自己失去了生命中非常珍贵的东西，既然如此，何必要像处理垃圾一样把它们处理掉呢？

奥黛丽·赫本曾经将格里高利·派克赠送给自己的一枚蝴蝶胸针保留了 40 年，徐志摩死于空难以后，林徽因曾将飞机残片挂在卧室的墙壁上，直到逝世。有时候某个人已经消失在茫茫人海或者杳然远去，但刻骨铭心的感情和永生难忘的回忆却通过某些物品沉淀了下来，这些物品因此而显得弥足珍贵，你格外珍惜它们是基于正常人的情感，这虽然属于一种执迷，那却不算是什么错误。

凯瑟琳是一个有洁癖的人，容不得屋子里有一丝一毫脏乱，所以理所当然地成了一名极简主义者。她的房间里除了床和椅子几乎什么都没有，墙面就像空洞的贝壳。妹妹斯黛拉的性格则和她完全相反，斯黛拉不爱收拾东西，卧室总是杂乱无章。

斯黛拉买了很多枚发卡，但是从来都没戴过，起因是刚买的时候她觉得喜欢，别人见了说颜色和款式太幼稚了，她因此不好意思戴了，只能将其变成压箱货。基于同样的理由，斯黛拉囤积了不少没用的东西。由于房间太乱，平时找东西分外麻烦。有一天她想外出郊游，可是翻箱倒柜忙了半天也没找到旅行背包，无奈之下，只好请姐姐凯瑟琳来帮忙。凯瑟琳拿了两个大袋子，把没用的东西统统装了进去，房间慢慢地变得整洁了。当凯瑟琳随手把一堆手链丢进垃圾袋的时候，斯黛拉叫了起来："它们不是垃圾，你不能就这样把它们丢掉。""你平时根本就不戴，留着又有什么用呢？"凯瑟琳叉着腰高声问道。

斯黛拉一把夺过手链，眼圈红了，指着其中的一条说："这是我最好的朋友送给我的，她现在转学了，这条手链是我们唯一的联系了。"然后又指着另外一条说："这是初恋男友送给我的，我们俩分手了，现在我仍时时能想起他。"而后又拿起一条手链说："你可能不记得了，这一款是我过生日时爸爸送给我的，爸爸常年在外地工作，每当我想他的时候，都会对着这条手链说悄悄话。"

凯瑟琳说："好吧，你可以保留它们，但是要把东西收好，不要乱糟糟地堆放在床上。"斯黛拉点点头，开始帮着姐姐收拾杂物，室内的东西越来越少，很快她们就找到了旅行背包。斯黛拉高兴地谢过姐姐，背上背包就出门了，回来的时候她发现卧室里多了一条手链，凯瑟琳对她说："这一条是我送的，我想要让你知道，无论任何时候，你都有个姐姐陪在身边，她永远无条件地爱你，所以你永远都不会孤单。"斯黛拉很感动，小声说了声谢谢，给了姐姐一个大大的拥抱。

所谓的极简主义和断舍离，指的是舍弃物欲和多余的物品，而不是对自己有特别意义的物品，对于某些难以舍弃的东西，你无须舍弃，只要把它们存放到恰当的位置即可。房间散乱很大程度上是因为你不懂得如何放置物品。若想让物品看起来整齐有序、井井有条，你最好学会如何高效利用收纳空间，譬如衣橱中多余的隔间和电视下方的小柜子都可以用来放置物品，零散的小物品可以放进篮子或纸箱里。随时需要使用的物品要放到自己触手可及的地方，需要常拿出来翻看的相册或是自己想时时看到的纪念品，要放在醒目的位置，特别珍贵的易碎品要小心保管。

最 in 的活法——不持有

朱迪为了过上简约的生活，做了一项期限为一年的实验，下定决心在一年的时间里，只购买维持生存和健康必需物品，凡是不符合这一标准的东西一样也不买。这是一场别开生面的自我剥夺实验，最初阶段她有点不适应，毕竟以前她曾像所有人一样，习惯了持有各种各样的物品，猛然间切断了与它们的联系，去过一种清简的生活，感觉总像缺少点什么似的。但是没过多久，她就爱上了这种生活方式。

她暂别了影碟和电视机，把更多的时间用在了健身和户外运动上，身体素质明显比以前好多了，气色看起来也更健康了。家里的面貌也因此焕然一新。以前桌子上、沙发上、架子上凌乱地散放着各种 DVD 碟片，而今没有了 DVD 碟片，屋子看起来整洁多了。平时朱迪喜欢窝在沙发里看肥皂剧，总是边看电视边吃零食，搞得家里到处都是食品袋。现在这些乱糟糟的食品袋也不见了。

朱迪还有一个喜欢，每当翻看完时尚杂志，都会批量购买时尚产品，看完某个热播剧之后，又会按照女主角的形象将自己打扮一番，免不了要购入大量的服装、首饰和化妆品。在实验阶段，朱迪不再看杂志，电视剧也不看了，每一张钞票都花在了必需品上，她的生活发生了翻天覆地的改变。更少的物欲让她开始关注自己的内心，她活得更充实更快乐了。

在各种新潮产品和各类奢侈品层出不穷的今天，人们的物欲空前膨胀，许多人以持有和占有更多的物品为荣，家里只进不出，房间因为被太多物品挤占而显得格外促狭。在这样一个人心浮躁的时代，有人提出了不持有的生活主张，其理念是：对于物质，你可以选择继续持有，也可以理直气壮地选择不持有。持有的物品一定要在自己管理能力之内，超出自己管理能力的，最明智的选择是不持有；自己不钟爱不喜欢不留恋的物品，最好不持有；跟自己的品位和生活风格不相符的物品，不必持有；不环保、无法回归自然的物品，不要持有。放开对物的迷恋，本着少而精的原则，持有少量实用的东西，你就能过上简单朴素、自由自在的生活。

不持有的活法是时下最 in（即 in fashion，时尚、流行）的活法，它提倡适度拥有少量物品，尽可能地让自己的身心从物质的束缚中解脱出来，把更多的注意力转向自己的内心。想要过上不持有的生活，必须遵循以下原则：

1. 物质极简

不购买不必要的物品，现有物品要充分使用和爱护，尽可能地不持有一次性的物品，以减少物品的数量。出门自备耐用的购物袋，坚决不用商场提供的塑料袋和纸袋。不使用一次性纸杯喝水，用马克杯和钢杯代替成沓的纸杯。用干净的棉布代替一次性纸巾，减少抽纸用量。不重复购买电子产品，尽量整合和精简设备。过期的杂志转送他人，不用的DVD出售或转送他人，留下少量精品供自己收藏和欣赏。少办会员卡，不要轻易购买不具审美价值和收藏价值的纪念品。

2. 不囤积日用消耗品

很多人认为，每天都要用到的东西，要尽可能地多买一些，这样就可以省去多次购买的麻烦。遇到超市大减价，更是会大批量地购进日用消耗品，以至于东西多得家中无法存放，使用了半年或是一年也没用完，有些东西甚至过了保质期。日用消耗品太多，整理起来非常麻烦，而且长时间不使用，又比较容易变质。所以你最好改掉喜欢储存的习惯，所需物品能维持一个星期使用便好，东西用完了，再去购买。

3. 果断扔掉无用的物品

扔虽是一个极其简单的动作，但实施起来却没有那么简单。由于各种各样的原因，很多人宁愿让废品堆满房间，也不舍得动手清理。如果你也处于同样的状态，那么可以从最小的物件和自己最不喜欢的东西扔起，享受到抛弃多余物品的快感以后，渐渐地，你会变得欲罢不能，慢慢地就会养成随时丢弃杂物、废品的习惯。

4. 寻找替代品，不轻易添置多余物品

想买一样东西时，不要立即购买，而要思考一下家中有没有什么现有的物品可以取代，比如网上售卖一些用于放置物品或分割空间的收纳盒、小架子，可以用多余的鞋盒或其他小盒子替代。

5. 代谢快的物品或者临时用到的物品，可考虑租借

对于那些喜新厌旧、经常更新换代淘汰物品的人而言，与其花大价钱购买还不如花少量钱租，过了新鲜期就束之高阁的东西何必要花钱配置呢？某些东西因为经常推出最新款，买来没多久就贬值了，如此看来，租比买更划算。

一辈子只用一次或几次的东西更没有必要购买，比如你要参加盛大的典礼，必须穿昂贵奢华的礼服，花钱购买成本太高，而只租一天一般不会花费太多。再比如宴请宾客时，家里没有配置讲究的餐具，可以考虑向朋友借，没有必要购买一套新的餐具。

衣物巧收纳，打造私人专属时装柜

有人说，女人的衣柜里永远缺少一件衣服，这句话对于95％以上的女性都是灵验的。面对爆炸式的衣柜，女人总是觉得衣服不够穿，旧

衣服再多，终归没有新衣服有吸引力，市场上一旦出现了最新款，大多数女人都会雀跃着倾巢而动。在衣服面前，女人永远是博爱和喜新厌旧的，刚买回来不久的衣服，很可能过不了多久就会被打入冷宫，而被淘汰的旧衣又无暇整理，导致衣柜又拥挤又混乱。

男人的衣服在数量上远远不及女人庞大，除了固定的基本款以外，几乎没有多少种类，如果稍加打理，大部分空间都会空置着，一眼望去，衣衫格外整齐有致。可是有些男士由于工作繁忙在生活上不拘小节或是天生懒惰、邋遢，不爱整理内务，衣柜就极有可能成为重灾区，各色衣服乱糟糟地堆在一起，其景象惨不忍睹。

衣柜是男人和女人的时装库，在一定程度上能反映出一个人的着装品位和风格，同时又能从侧面反映出一个人的生活理念和人生态度。不管男人还是女人，极简主义者必有一个整洁和有序的衣柜。在极简主义者看来，整理衣柜就像整理心情，处理掉许久不穿的旧衣服就像甩掉身上多余的脂肪和赘肉，那种畅汗淋漓的感觉不亚于购物时带来的快感。

珍妮弗拥有很多款式新颖、五颜六色的漂亮衣服，她喜欢每天穿不同的衣服出门，觉得这样会让自己看起来很特别。商场里所有流行的款式，几乎都能在她的衣橱里找到，可以毫不夸张地说，她的衣橱就是一个微型的服装城，女人想要了解时装界的最新动向，只要参观一下她的衣橱就可以了。

珍妮弗天生具有恋衣情结，每次逛街一看到服装店，她的脚步就停下来了。买衣服时，她一向爽快，可是整理衣柜时她却总是拖拖拉拉，最主要的原因是压力太大。她的衣服已经多得家里三个衣柜都放不下，不少衣服直接挂在外面的衣架上蒙尘，衣帽间里也堆满了各式各样的衣服。尽管如此，她还是没有停下疯狂购买的步伐，只要流行趋势变了，她就会大批量购进另外一种风格和款式的衣服。

有人称珍妮弗为百变女王，因为她总是频繁地更换衣服，而有人则营她叫变色龙，说她是一个心态浮躁的女人。珍妮弗虽然并不在乎别人的评价，但是确实因为衣服太多而万分苦恼。有一天她在整理衣柜的时候，忽然感觉崩溃了，她对着乱糟糟的衣服大喊："我受够了，再也不想被流行牵着鼻子走了，再也不想把时间和金钱浪费在乱七八糟的衣服上了，我要一个整洁的衣柜，一个整洁的空间。"说完，她开始精挑细选，挑出了自己最钟爱的一些衣服，把多余的衣服全都放进了储藏室，忙碌了大半天之后，她终于可以松口气了。

衣服太多、衣柜太乱的时候，你必须按照一定的标准筛选一番，保留最精华的部分，把多余的全部处理掉。那么该怎么筛选呢？第一步就是按照功能对不同的服饰分类。按场合来分，服饰可以分为职业场合、休闲场合和社交场合三类，不同的场合需要匹配不同风格的衣服。按季节来分，服饰可分为春衣、夏衣、秋衣、冬衣四类。依据这两种标准，想象一下自己该怎么穿衣搭配，预估一下每种服饰在衣柜中应该占的比例是多少，把不常穿的衣服淘汰掉，这样剩下的衣服基本个个都是"精英"了。

职业化的服装多为黑色、灰色、藏青色、白色等纯色基本款套装，风格简洁大方，裁剪利落得体，少有装饰，部分面料饰有不明显的暗纹。假如你的衣柜最多能容纳 50 件衣服，这样的服饰至少需要 15 件，占据衣柜容量的 30%。

社交服装是专门为参加晚宴、派对准备的，所以风格不同于刻板的职业装，里面融入了更多的时尚元素和装饰元素。女士的晚礼服或长裙多采用柔软华美的面料，并以纤巧的褶皱、镂空蕾丝、闪耀的水钻做装饰。男士的礼服不同于普通的西服，多有扩胸收腰的设计，颜色主要以深色为主，部分为灰色和白色，面料没有特别的质感，以大气庄重为佳。这种类型的服饰 10 件足够了，大约占据衣柜容量的 20%。如果你社交活动并不频繁，不经常参加各种晚宴和派对，此种类型的服饰 5 件足矣，省下的空间可以适当添置一些职业套装或休闲装。

休闲装是衣柜的主体，因为无论是居家还是在其他场合，你常穿的就是那种个性化的、风格比较随意放松的休闲服饰。它们可以是朴素简约的，也可以是充满艺术元素和设计感的，可以是彩色的，可以是纯色的，也可以是格纹、豹纹抑或带有浓郁的波西米亚风格的，一切都随你喜欢。休闲装至少要有25件，占据衣柜容量的50％，以满足你日常生活所需。

按照以上原则，将服饰分为三大类分别放置，注意要把本季的衣服放在触手可及的地方，下季的衣服放在临近区域。最好每个季节都调整一下服装的位置，以方便日常取用。如果你有容量更大的衣柜，只要按照合适的比例选取衣服即可，切忌把衣柜塞得太满，衣服只需够用就好，多余的都可以处理掉。

不要让食品超出冰箱的负荷

亚当是一个标准的吃货，平时最大的爱好就是到超市里扫荡各种食品和饮品，他大部分食物都放到了冰箱里，可惜他的冰箱容积有限，他又不擅长整理物品，冰箱里因此无比混乱。有一次妹妹到他家做客，打开冰箱的时候惊呆了。她毫不客气地将亚当数落了一顿："怪不得你的肚腩越来越大，原来你买了这么多啤酒和碳酸饮料。这些都是垃圾食品。"她边说边把饮料、啤酒从冰箱里拿了出来，"我建议把这些东西送给装修的工人，好让他们解解暑。"

亚当近期雇了一批工人翻新厨房，时下正是酷暑季节，给他们每人发放点饮料、啤酒，确实算是不错的福利。妹妹的提议虽然很好，但亚当并不想把所有的饮品都分给工人，于是便低声道："你刚才不是说这些都是垃圾食品吗？我怎么好意思把垃圾食品分发给别人呢？"妹妹说："每人一瓶对健康无害，而且又能消暑。你一个人享用这么多，对身体是没好处的，当然算得上是垃圾食品。"

亚当没有再说什么，把大部分饮料和啤酒都分给了装修工人，冰箱果然宽敞了许多。妹妹朝里面看了看，无奈地说："你就不能把不同的食品分类存放吗？里面的东西比菜市场还乱，真想象不出你平时是怎么找东西的。"说罢，她帮亚当把冰箱里的东西分门别类整理好了，所有食品一目了然，这下找东西可方便多了。

临走前，妹妹又提醒亚当："你买东西要节制，一个人胃的容量是有限的，冰箱也一样，东西多的都快放不下了。"亚当羞愧地低下了头，他觉得妹妹的语气简直跟妈妈一模一样。妹妹的一通批评，让他开始反思，他想或许妹妹说得对，他不该买超出需求的食品，不该让冰箱这么杂乱，而应该尝试过一种简洁健康的生活。

冰箱的容量非常有限，一旦塞满了，整理起来就颇为麻烦了。那么该怎样整理冰箱才好呢？第一条就是永远不要把冰箱放满。往冰箱里放置食品时，要以七分满为原则。假如你是一个地地道道的吃货，每天都会忍不住采购一大堆食品，或者是一个十足的懒人，希望冰箱里的存货能够满足自己半个月所需，那么势必想把冰箱的空间利用到极致，怕是不肯遵循七分满的原则。

可是，你知道吗？利用最少的空间存放最多的物品，对于冰箱来说是不合适的。冰箱装得太满，将影响到箱内空气的对流，这样既会降低冷藏的效果，又浪费电。况且，东西太多，视觉上会十分混乱，拿取的时候非常不方便。正常情况下，冰箱空间的利用率最好维持在70%左右是合理的。

冰箱虽然充当的是冷冻库和食品柜的角色，但是它亦能反映你心底某种强烈的欲望。吃，是人类最原始的欲望。正所谓民以食为天，吃对于任何人来说都是头等大事。但是在温饱问题已经不成问题的当代社会，人们对食物的不懈追求是否也应当有所节制？冰箱里之所以会塞满各种食品，在一定程度上反映了某些人饕餮般的巨大食量以及对味蕾刺激的极致追求，这种生活方式显然是非常不健康的，身上成堆的赘肉和甩也甩不掉的脂肪就是这样累积起来的。

定期清理一下家里的冰箱，把过期的食物处理掉，不要存放超出自己正常需求的食品。切忌把冰箱塞得太满，否则每次清理冰箱都将变成一项浩大的工程。养成定期清理的好习惯，冰箱内部和底层要擦拭干净。虽然冰箱空间的利用率只剩下了70%，但是只要你懂得巧妙利用空间，日常食品基本都能被合理收纳。

冰箱顶部可放置烹饪书籍、厨房用纸等物品，但杂物不能堆积太多。不易变质腐坏的食品如沙拉酱、番茄酱、腌制的酱料、果汁等，可以存放在冰箱门的置物架上，冷藏室上层温度较为恒定可存放饮料、汽水和速食食品。注意，相同的食品不要摆成横排，因为横向排列既不利于节省空间，又会遮挡你的视线，让你看不到后面摆放的食品。科学的做法是利用塑料收纳盒，将相同的食品从里到外竖排摆放。这样所有食品在你的视线里就一目了然了。

冷藏室下层温度较低，可存放牛奶、乳制品、海鲜、生肉等。计划几天内吃完的肉类食品可放入该区域，长期储藏肉类食品应放进冷冻室内。鲜肉可切成小块放入食品盒或塑料保鲜袋内。

果菜箱是冰箱内最冷的区域，其主要作用是存储蔬菜和水果，除了制冷功能以外，它还能使蔬菜水果保持一定的湿度，有些人喜欢把新鲜的肉类放在果菜箱，这样做不但压缩了存放蔬菜的空间，而且不利于肉类的保鲜，肉类食品一旦温度过高就会腐坏。果菜箱内冷藏的蔬菜最好竖排摆放，近期购买的放在前面，以保证自己能随时吃到最新鲜的蔬菜。注意，水果和蔬菜要分别放置，不要混在一起摆放。此外，切忌一次性购买大量的食物，冰箱虽有制冷保鲜的功能，但它毕竟不是万能的，食物即使放进了冰箱，时间久了，也会变质。购置食物要适度合理，不要超出冰箱的负荷。

整洁的客厅是你的形象标签

戴维是一个不修边幅的人，客厅乱得没法下脚，衬衣、香烟以及各种小物件直接扔在地板上，沙发上堆放着影碟、光盘、报纸、杂志和各类帽子，窗台上有一大堆散落的纽扣，整个房间看起来就像一个垃圾场。朋友到他家做客时，看到这番狼藉的景象，立即失去了兴致，通常客气地寒暄几句，就找借口匆匆离开了。

虽然没有人直接批评指责他，他仍然感到心里不舒服。有一天，他下定决心一定要把客厅收拾干净，于是立即动手把不用的物品全都清理出去了，没想到收拾完之后，房间顷刻间变得赏心悦目了。他再次邀请朋友到家中做客时，再也不感到尴尬了。此后他再也不乱堆放物品了，生活变得井然有序，个人形象也得到了提升。

客厅是你与他人畅谈交流的活动空间，它的整洁程度、整体感觉以及呈现出的家居形象，直接可以反映出整个居所的环境卫生情况和你的个人品位。客厅脏乱差，绝对会使你的个人形象大打折扣。真正的极简主义者，是绝对不可能把自家的客厅变成杂货间或是垃圾收购站的，他们会定期清理杂物，以保证房间的干净、整洁和有序。可是对于不擅长整理繁多杂物的人来说，客厅的任何角落都可能堆积一大堆乱七八糟的物品，那么该怎样才能使不同的物品各安其位，变得井然有序呢？首先要弄清客厅混乱的根源。

进门的第一件事就是换鞋和脱去厚重的外衣，你平时是怎么放置衣物和鞋子的呢？为什么鞋架上堆满了各式各样的鞋子，地板上到处都是鞋子呢？你是不是喜欢随手就把外衣丢到沙发上呢？如果答案是肯定的，那么你现在就需要立即做出改变了。外衣要挂在架子上或是放到衣柜里，不要随意乱丢。过季的鞋子放进鞋盒内或者放到别的收纳盒里，不要全都摆在鞋架上，鞋架上只放置当下需要穿的鞋子，这样看起来就整齐多了。

在家听音乐、看碟片是一件非常惬意的事，但是如果你不善于整理相关物品，一叠又一叠的 DVD、光盘、CD 就有可能聚集在客厅里的任何一个角落泛滥成灾。千万别把客厅变成碟屋，虽然它有时确实能临时充当家庭影院。其实收拾 DVD、光盘、CD 并不是什么难事，只要把它们放到收纳盒内或收纳架上即可，对于自己钟爱的 CD 可以放到透明袋子里，以方便随时取用。

看过的报纸和杂志不要乱糟糟地摆放在客厅内，千万别让自家客厅看起来像街市上的旧报摊，没用的报刊杂志要及时处理，剩余的分门别类地放在书架上，也可以专门放到多层式结构的杂志架上。你的涉猎可以尽可能地广泛，但是不能因此积压太多的旧报刊旧报纸，要知道过期的东西基本没有收藏价值，既然阅览过的东西已经深刻地印在了你的脑海里，你又何必要留着这些没用的废纸呢？

客厅里混乱的另一个重要原因是，茶几上、桌子上堆满了各种瓶瓶罐罐，里面装着各类化妆品和护肤产品。正所谓爱美之心人皆有之，如今无论女人还是男人，都比较注重保养皮肤。护肤类产品已经走进了千家万户，成为了人们日常生活中必不可少的物品。然而在享受对镜梳妆的乐趣时，千万要记得帮这些护肤品找一个合理的归宿，不要让它们散乱地堆在客厅里。超过了保质期的护肤品、化妆品及时丢掉，其余的放在梳妆台上，如果种类太多，梳妆台放不下，可以找一个多层的小架子，把它们分门别类安放好。

有的人喜欢在电视柜上堆放各种杂物，手机、插座、遥控器、生活用品、各类小物件全都散乱地堆放在电视柜上，如此一来，视觉上就会非常不舒服。其实电视柜用来放置杂物并非不可取，但需要注意的是，所有物品必须摆放整齐，最好分别放置在不同的收纳盒里，确保让自己眼不见为净。

各种小物品、小饰品最好放入抽屉，桌面上的东西越少越好，家里还可以添置一张可折叠的小方桌，专门用来存放零食和各种临时物品，不用的时候将其折叠起来，沿墙角摆放，可节省不少空间。

厨房重地马虎不得

丽莎是一个标准的好厨娘，她烹调出的菜品色香味俱佳，让人一看就垂涎欲滴。但是她很不善于管理厨房，厨房重地碗、盘、碟、刀叉到处摆放，各种瓶瓶罐罐的调料堆满了灶台，橱柜里散乱地放着干果及各种厨具。整个厨房看起来俨然就是一座杂乱集中营，每次下厨做菜，丽莎都感到手忙脚乱，不是找不到做饭的炊具，就是把调味料洒得满抽屉都是。

她烟熏火燎地忙完一通之后，厨房比以前更乱了，简直就像发生了第三次大战一样，然而无论如何，她的手艺都是不错的，所以当她笑盈盈地为客人送上一盘热腾腾的美味佳肴时，客人总是赞不绝口。有一次有位客人很想向她讨教厨艺，就悄悄潜入了厨房，看到了无比震撼的杂乱场面，当即没有了食欲，从此再也没有到丽莎家里做过客。

对于不善于整理物品的人来说，厨房很有可能像个杂货摊，食材、调料、炊具、碗碟杂乱无章地堆放在一起，每个角落都拥挤不堪，每次下厨都像不带武器冲锋陷阵的士兵一样，总是慌作一团，随手抓到一个用具便充当临时翻炒的锅铲，慌乱之中很有可能把糖当成了盐或是把酱油当成了醋，炒出的菜味道必然会非常奇怪。更有甚者在起锅时手忙脚乱，霎时间锅碗瓢盆齐鸣，有如交响曲一般热闹，期间不是打翻了调料瓶，就是弄洒了汤汁，厨房变得更加脏乱不堪。

保持厨房整洁卫生，是一个人应该养成的居家习惯。只有待在极简干净的厨房，你的心思和注意力才能集中到食物本身上，才不至于被脏乱的环境扰乱了心绪。在简约洁净的厨房里做菜，是一种无上的享受，以创作者和艺术家的激情把灵感和对食物的热爱注入一道道花式菜肴，然后欢欣雀跃地品尝自己的劳动成果，奢享最细腻的口感和最醇厚朴素的味道，感受家的味道，心情定然是无比愉悦的。

厨房虽是小小的方寸之地，却能体现出主人的个人习惯和生活智慧。其实只要你多花些时间和心思打理，使所有杂物各安其所，把多余的器具、调料及时处理掉，让厨房恢复整洁和秩序并不是什么难事。不肯断舍离，存留了太多的东西，无疑是给处在刀光剑影、烟熏火燎中的自己添乱。

最难舍弃的恐怕要算各式各样的炊具和食器了。有的人只会做几道家常菜而已，所需的炊具三五件足矣，但是厨房里的炊具却多得可以展览了，各种炊具凌乱地摆放着，让本来就狭小的空间显得更加局促了。其实只要保留足够日常所需的炊具就可以了，不常用的不妨送人。剩下的锅、铲、勺、刀具等，部分可用挂钩挂起来，部分可放入橱柜里。

如果家中的厨房太小，就不要堆放太多的餐具，最好选用多用途的，比如汤碗既能盛汤又能盛饭，还能放蔬菜色拉，可谓是一碗多用，这样就能有效减少碗的数量。餐具选择统一的白色为宜，这样看起来比较清爽素雅、干净漂亮。纹饰以简约洗练为宜，繁复的图案和过度装饰反而有损餐具的美观。暂时不用的餐具要整整齐齐地摆放好，放入橱柜中，不要摆在外面。已经出现裂痕或缺口的盘、碗、碟马上处理掉，不要以为它们还可勉强使用、扔掉了可惜，损坏的餐具可能漏菜漏汤，基本上已经丧失了使用价值，不值得留恋。

整理完了各种用具，接下来该整理食品和调味料了。把不吃的食品和超过保质期的食品全部挑拣出来扔掉，同类食品存放在一起。调味料放进抽屉式收纳盒里。装有调味品的瓶瓶罐罐都是一些零零碎碎的东西，收拾不好就会影响厨房整体的整洁性。把这些小物件分门别类地放进收纳盒，常用的放到最容易拿取的位置。

保鲜膜、保鲜袋、垃圾袋、洗洁精、海绵、抹布之类的用品也需要分门别类地整理好，抹布和洗洁精放到自己触目可见的地方，方便自己随时擦拭厨房和清洗各种用具。保鲜膜、保鲜袋、垃圾袋分别放进收纳盒里。经过系统地整理，厨房自然就整洁多了。

一个温馨的安乐窝，适合美美地入睡

查尔斯的卧室非常简洁，没有什么特别的装饰，物品也极少，整个房间里，除了一张白色床铺外，就剩了一盏光线柔和的落地灯。身为室内设计师的他，不像同行那样，把各种各样的元素带入自己的家中，在他看来，极简的就是最好的，繁杂的东西不仅不符合现代审美，而且容易扰乱人的情绪，不利于安枕而眠。

窗外华灯初上的时候，查尔斯喜欢捧着一本书安静地阅读，偶尔喜欢凝神思考，因为卧室的墙壁上几乎没有什么图案，所以他不曾分心。

等到困意倦意袭来，他会马上入睡，一觉睡到天亮。当阳光透过明亮的落地窗洒下来时，他感觉分外温暖，分外舒适。能拥有这样一个温馨的安乐窝，他觉得非常满足，从来没想过要往里面添置什么。朋友们认为他清简过度了，他只是笑笑，从不辩驳，他把极简主义审美观当成了自己的信仰，这种生活方式让他更安心更快乐，睡得更香更甜。

卧室是供我们休息和安睡的地方，屋内的布置要充分考虑舒适性和私密性，风格最好简洁而不失温馨，摆设越少越好，一般而言，一张床榻、一盏灯、一个床头柜就足够了，没有必要额外添置家具。一间卧室的整洁度能从侧面反映出一个人的喜好、秉性以及对待生活的态度。卧室奢华的人大多比较虚荣，卧室杂乱的人大多比较懒惰，而且对待生活漫不经心。一个热爱生活，内心纯粹的人居住的卧室必然是干净整洁无比温馨的，里面不会有浮夸的装饰，也不会有多余的物件，它会是一个能呼吸的空间，一个实实在在的安乐窝，最适合一觉睡到自然醒，清晨拥抱满屋的阳光。

如何收拾和装饰卧室，才能享受纯粹的极简乐趣，每晚美美地入梦呢？首先要保持卧室的洁净。地板要擦拭得一尘不染，不要在上面堆放任何杂物，偶尔掉落的头发及时清理干净。这样即使你不穿拖鞋，光脚踩在上面也不会觉得脏。窗帘要定期清洗，颜色可素雅浅淡，也可以是深色或是暖色，色调随你喜欢。窗框上不要积灰，窗玻璃要擦得干干净净。确保自己站在明亮的玻璃窗前，白天能拥揽都市美景，晚上能欣赏璀璨灯火，时时都能把窗外美好的风景搬进室内。

墙壁上若出现了脏污，可采用墙纸覆盖住，也可以挂上自己喜欢的照片或是漂亮的风景画，这样做既能掩盖住墙壁的瑕疵，又能为整间卧室增添灵动活泼的气氛，可谓是一举两得。床上用品要经常更换清洗，要让它们散发出干净清香的味道。每件用品叠放整齐，色彩最好协调统一。床上用品最好不要选用花哨鲜艳的面料，尽量选择纯净的自然色，冷色暖色均可，随个人喜好。若既想拥有极简风情，又不想让房间的色彩过于寡淡，可尝试选取明亮温暖的糖果单色用品，给卧室增添几分俏皮可爱的元素。

极简风格的卧室通常给人以简约现代、干净利落的感觉，但是如果布置不周，很可能使整间卧室看起来显得冰冷无趣。这就需要卧室的主人在对装饰品和各类物品大做减法的同时，多花些心思来设计和布置自己的小天地了。要想让卧室既素朴美观又温馨舒适，就要对有限的物品上进行创造性设计。以灯具为例，无论是台灯、吊灯、落地灯还是壁灯，它们的材质、形状和风格，都能凸显出主人独特的品位以及相似的性格特征。选用复古风格的铜质灯具，说明你比较喜欢古雅的东西，较为崇尚知性，内心潜藏着点点诗意。选用欧式风格的灯具，说明你喜欢简洁、清新、浪漫、富有异域风情的东西，个性比较洒脱，而且对生活充满幻想。

卧室装饰尽可能少，如此才能将极简主义风格发挥到极致，墙上悬挂一幅挂画便足够了，切勿在墙面上贴满海报或是挂满各色抽象主义的图画。雪白的墙面在视觉上能给人带来洁净雅致的感觉，多余的装饰反而会破坏了它的美感。原木色纹理的地板非常具有质感，它能让人从木料联想到森林，拉近人与自然的距离，所以最好不要将它粉刷成其他颜色。

放弃老式笨重的床头柜，代之以轻巧灵便的收纳柜，把用于消遣的书籍和各种小物件放在一步之遥的地方，扔掉所有不需要的物品，尽量节制消费的欲望，还自己一个清爽的空间和会呼吸的卧室。

第三章 打造精致私人空间，诗意地栖居

纯粹的空间容不得拥挤、繁杂，装载不下过剩的欲望，且比较排斥富丽的修饰。

私人领地更是如此。家，作为一种空间环境，在感性上，它应该是温馨的、舒适的，适合诗意地栖居；在理性上，它应该是极简的，所有的元素都应该是简洁、纯净的，没有多余的装饰，没有纷乱的色彩，没有不必要的奢华，也没有乱糟糟的杂物，置身其中，你能感觉到它的空间层次感和通透性，深深地呼吸，你能听到心灵自然的律动。极简的精髓便在于此。

在外面，快节奏的高压生活，可能给你带来了满满的负能量，你的心情可能糟糕到了无以复加的地步，回到家里，心随境转，你马上就能拥抱满屋的阳光，在极简的格调中放松身心，那种体验一定是非常棒的。一个简约到极致的家，可以帮助你摆脱繁琐、复杂，让你在会呼吸的房子里找到专属于自己的精神空间，满足你追求简单、回归自然的情感需要。

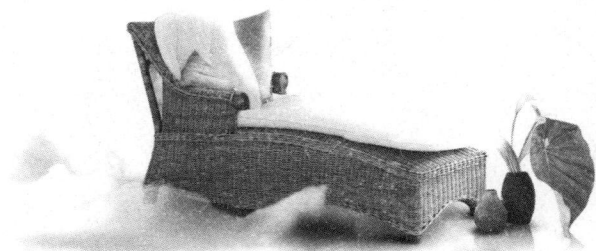

夺回呼吸空间，让家成为心灵的休憩地

吉姆即将乔迁新居时，感到格外烦恼，因为旧屋中的杂物太多，他不知道究竟该扔还是不扔，全部扔掉觉得有点舍不得，可是不扔新家又会像原来的屋子一样又脏又乱，这可不是他想要看到的。最后他决定把杂物统统扔掉，他要有一个全新的开始，于是他耐着性子把旧物逐一包裹好，三分之一用来送人了，三分之一卖了废品，剩下的三分之一赠送给了新的屋主。

搬到新家以后，吉姆只保留了一张床、一个木制书桌、几件换洗衣服和一套洗漱用品。后来他添置了几样简单的家具，大部分空间闲置着什么也不放。朋友们笑他在过一种简朴贫瘠的生活，他却不这么看，因为每当走进房间，看到没有障碍物遮挡的通透空间时，他的心里都会产生一种说不出的舒畅感。他觉得这样的房间才更符合家的内涵，里面没有纷乱生活的痕迹，一切都显得那么简洁有序。在这样的空间里走动、凝思、或坐或躺，无比自在，他真心认为，有这样一个家是自己莫大的福分。

为什么空荡荡的家更能给人以放松感和安全感呢？道理其实很简单，复杂凌乱的生活环境、拥挤逼仄的空间，不仅会给你带来莫大的压力，还会迷乱你的心智，让你的头脑和内心塞满各种混乱的想法。你眼中看到的物品越多，心绪越不安宁，所以把过剩的物品从生活的空间中剥离出去是非常必要的。

家不是欲望的堆砌地，而是让人休憩和放松的地方，它应该是清新、宁谧、朴素的，最重要的是能给你的心灵带来平静祥和的感觉。只

有减掉居室里杂七杂八的东西，你才能回归简单，回归自然，拥有一种恬淡朴实、挥洒自如的生活。在极简的空间里，即使每天吃粗茶淡饭，也会觉得分外香甜。

人们之所以没有勇气夺回被物品占据的空间，做不到断舍离，多半是因为只能看到物质的价值，却没有看到空间的价值。是的，空间是有价值的，以北京的房价为例，即使位于三环、四环的房子，每平米的均价也以数万计，如果你在房间里堆放了一堆杂物，那么浪费的空间换算成人民币的话，可能已经达到数十万了，而那堆杂物最多只值区区几千块钱。你容忍它们的存在，是一种莫大的浪费。更何况家是用来居住的，而不是用来储物的，如果你不给自己留点喘息的空间，还怎么自由自在地生活呢？

什么样的家是最温馨最舒适最宜居的呢？什么样的家是最棒最理想的栖息地呢？这要看它预留的空间能带给你多大的精神自由。如果待在家里，你感觉自己就像一条在水池里自由游弋的小鱼，觉得快活无比、无忧无虑，任何时候都感受不到压力和威胁，什么都可以想，什么都可以不想，那么你的家就堪称符合心灵港湾的标准了。如果回到家里，立刻感到非常压抑，乱糟糟的杂物怎么也清理不干净，时刻都有窒息的感觉，仿佛自己置身在一个浑浊不堪、布满淤泥的烂池塘里，那么是时候向杂物宣战，来一场空间革命了。

第一步制作一张核对表，把家里不用的东西全部填写进去，然后大范围地丢弃。那么哪些东西应该列入表单呢？从哪里入手最合适呢？你若是心中没有答案，那么就做一次地毯式搜索吧。首先检查地板，你家里的地板除了地毯以外，还覆盖了哪些杂物？你现在踩在地板上走路行动自如吗？是什么障碍物阻碍了你的行动？那些东西对你的生活而言是必需的吗？如果不是，全部填入表单，准备丢弃。

随后按照空间顺序，逐一筛选各个物品，可按照从下到上的顺序，也可按照由外而内的顺序，一切随你自己的喜好。通过排查，慢慢缩小杂物的空间，扩大自己自由活动的空间。把旧挂历、颜色各异的购物塑料袋、商家免费分发的纸巾、宣传材料、褪色变形许久不穿的衣服、鞋子、过期的防晒霜等化妆品、再也不想背的包包等统统丢掉。

如果你想更快地让自己的房间旧貌换新颜，使它的空间瞬间由拥挤逼仄变成宽敞明亮，那么可以换一种更大胆的方法。闭上眼睛，想象自己的家里现在空无一物，就像你刚刚搬进来一样，里面除了墙壁和地板，什么都没有。你觉得应该怎么布置房间呢？添置多少东西合适呢？记住，你现在想要打造的是一个极简的家，一定要给自己留出一个通透的空间。把头脑中想象的东西画下来，保留画中描摹的物品，其余的全部舍弃。

空间里保留的东西越多，意味着你的欲求越多，你房间的状态映射的是你现在的心理状态以及你目前的人生状态。你居住的空间有多杂乱，你的内心就有多繁杂无序。拥有一个赏心悦目极简的家，拥有一个简约、干净、开放宽敞的空间，你的内心也会变得通透、纯澈起来。

像打扫房间一样打扫心情

萨拉是一个职业女性，工作十分繁忙，平时没有时间收拾房间，家里乱得很，客厅里到处散落着一年四季的衣服，有限的空间里挤满了没用的杂物。这样的屋子让她十分难为情，基于这个原因，她从不敢邀请男友踏足自己的私人领地。两人交往两年了，男友不曾去过她家，约会要么是在咖啡馆，要么就在电影院。表面看来，这种安排非常罗曼蒂克，但事实上，却无形中给两人制造了很多隔阂和障碍。男友觉得萨拉太神秘和不可接近，曾一度考虑过要和她分手。

眼看就要过圣诞节了，萨拉决定进行一次大扫除，并打算邀请男友到家中一起过圣诞。虽然清理乱七八糟的东西是一件十分费神的事，但是她觉得这项任务迫在眉睫，不能再拖下去了，于是戴上了手套、挽起了袖子，把多余的杂物一样样装进了垃圾袋，又用扫把、抹布、洗涤用品将家里各个角落打扫干净了。看着周围的环境变得整洁素净了，萨拉如释重负地松了口气。

接下来，萨拉和男友度过了一个非常难忘的圣诞节，男友说她的家整洁、宽敞、明亮，看起来非常舒心，并夸赞她聪慧能干，还说："你和其他女孩子不一样，你不喜欢乱买东西，没把家里变成杂货铺。"萨拉不好意思地说："其实我也买了很多东西，不过我已经把它们清理干净了，因为我想要一个可以自由活动的空间。"那天，两个人谈笑风生，过得非常愉快。摇曳的蜡烛映衬着萨拉明媚的笑脸，使她显得非常活泼迷人。

此后，萨拉改变了生活方式，无论工作多忙多累，都会抽出时间打扫和整理房间，以前那种混乱压抑的心情，随着杂物和灰尘的消失，也全都消失不见了，从此她过上了舒心快乐的生活。

没有人想要让自己的家变成藏污纳垢之地，所以定期大扫除是每个屋主日常工作的一部分。大扫除有两大好处：一是有助于让你丢弃更多的杂物，二是通过扫除灰尘，可以帮助你扫除心头的阴霾。每次大扫除，你都会有巨大收获。毫无疑问，清扫能让你的家变得更干净更漂亮，同时可使没有价值的废物变得越来越少。

当你戴上口罩和手套，全副武装地面对讨厌的灰尘和陈旧脏乱的废置物品时，总能发现意想不到的东西。它们都是你很久很久以前收纳起来的，假如不大扫除，可能永远被遗忘了。打开抽屉和壁柜，一大把不出水的中性笔、失去弹性的橡皮筋、无数零零碎碎的小东西、一沓过期的旧书杂志、好多件过时的旧衣服，一股脑被翻了出来。这些清理出来的东西，你应该毫不犹豫地扔掉。扫除过程中，体积过大的旧东西若是给你的行动制造了障碍，放在屋子里又没有什么用处，你也可以考虑把它扔掉。

大扫除总是跟大清理、大清洗紧密相连，每次扫除，你都能清理出不少没用的旧物，然后享受洗洗刷刷的乐趣，在慢慢清洗各种器物的时候，似乎也在细细洗涤着自己的心。的确，在熙熙攘攘、竞争激烈的大都市里生活，眼睛和心灵是很容易因为欲望的滋长而蒙尘的，房间里的灰尘是可见的，可心头的灰尘却是看不见的，那些让人欢喜让人忧的大堆杂物，见证了从前流水账中的消费，也见证了你纷乱而盲目的生活。

打扫房间的同时，你也在清扫自己的心灵。空间变得干净有序，你的内心世界亦会变得简单、纯粹、有序。为了让扫除工作有条不紊地进行，你最好做一个规划，想好具体的工作步骤。如果时间不紧急的话，不要去打闪电战，而要让扫除工作徐徐展开，一切按部就班地进行。先找几个超大的袋子，把没用的杂物全部放进去，将它们统统清理出去，免得擦地板的时候花时间移动这些物品。多备几个收纳盒，把筛选之后需要保留的物品放进去。

杂物清理完毕之后，接着打扫房间内最影响观感的区域。比如窗帘、沙发和地板。房间里若是挂了一幅脏兮兮的窗帘，那么其他区域收拾得再干净利落也没用。人总是会下意识地凭窗远眺，一眼看到落满灰尘、颜色暗淡的窗帘，立即会觉得倒胃口。所以一个简洁优雅的房间，必须配上一幅漂亮整洁的窗帘。

清洗窗帘，要按照材质的不同分别采用不同的洗涤方法。普通布料制成的窗帘，放在清水中用手搓洗或是放入洗衣机中清洗均可。帆布或麻制品做成的窗帘，清洗之后很长时间都不会干，在没用替换用品的情况下，可采用海绵蘸肥皂溶液慢慢清洁，然后自然晾干。天鹅绒材质的窗帘，可先浸泡在中性的清洗液中，切忌大力搓洗，要用手轻轻按压，洗完放在架子上晾干，待水分沥干之后，它就焕然一新了。

沙发一般放置在房间内比较显眼的位置，上面最好不要放东西，如果出现了脏污，同样要按照材质清洁。布艺沙发的脏污，可采用泡沫保养剂喷涂，待脏污溶解，布料尚未干燥时，用海绵或刷子蘸水擦拭。顽固污渍多重复几次以上步骤。清洁真皮沙发时，要先用软布将表面上的浮尘擦拭干净，然后用抹布蘸肥皂水反复擦拭脏污处。记住，千万不能用酒精或是带有强烈腐蚀性的化学溶液擦拭真皮沙发的皮面，以免损坏沙发的皮质。皮面清洁完毕之后，可涂点皮革保养剂进行保养。

打扫地板是一项浩大的工程，因为每个房间的地板都需要清洁干净，作业面积十分巨大。这项工作是扫除工作中的重中之重，万万马虎不得。任何一个房间，无论装修规格如何，只要地板脏得不忍直视，那么就不会给人留下好印象。相反，如果地板光洁可鉴，甚至可以映照人影，那么整个房间的观感都会因此得到很大提升。

清洁地板，最忌讳的是直接用笨重的湿拖把擦洗，随着拖把越变越脏，后面清洁的部分也会跟着越来越脏，即使期间你洗过多次拖把，也很难保证地板不被脏水玷污。科学的做法是，先将地板表面的浮尘清除，然后按照一定比例稀释清洁剂，将其放入水桶中，将拖把浸湿，顺便将其洗净拧干，从由里向外的方向拖地。地板缝或墙角部位，可用旧牙刷蘸取清洁剂慢慢刷洗干净。在时间允许的情况下，你可以考虑用干净的毛巾代替拖把，蹲着一点一点把地板擦拭干净，通过手臂有节奏的运动，慢慢享受做家务的乐趣。

去除家具上的污渍，用牛奶、啤酒、白醋比用清洁剂效果更好，后者只具备去污功能，而前者却能在清除污渍时起到保养作用。过期的牛奶非常适合保养木制、皮质、漆面等材质的家具。取一块浸过牛奶的抹布，反复擦拭污垢，效果极佳。擦拭完毕后，必须再用清水重新把家具擦一遍，目的在于去除残留的奶味。将 1400 毫升的淡色啤酒加热煮沸后，添加 28 克蜂蜡、14 克糖，搅拌均匀后制成混合液，待溶液冷却，用软布蘸湿擦拭家里的各色木器，最后也须用清水再擦拭一遍，以消除啤酒残留的味道。白醋适合清洁和保养红木家具。以 1：1 的比例用白醋和热水制成混合溶液，用软布蘸取擦拭红木家具，能有效去除污渍，可使家具表面焕然一新。

灵动的素色不高冷

有一对年轻夫妇比较喜欢现代简约风格的居室，他们刚入住新家不久，就开始迫不及待地布置房间了。在色彩方面，虽然他们都喜欢简单的纯色，但家里却一点也不显得单调。公共基础色是素洁的白色，地板、家具以及各种饰物都是明黄色调，散发着柔和的暖色，整体空间以纯净的自然光和细腻的灯光为主，在设计方面，造型简洁，使人看起来既轩敞明亮，又富有层次感和独特韵味。

为了给生活增添更多的趣味，营造出浪漫唯美的诗意，他们给房间增添了一盏薄荷色的线灯，在墙面上挂了一幅极具现代风情的装饰画，窗台上摆放着几盆绿色植物，乍一看去，一派葱茏，很是赏心悦目。虽然房间里的陈设很少，也没有纷杂的色彩，但通过巧妙的布置，整个空间看起来既富有高雅情调，又兼具烟火气息，一点都不高冷，在观感上丝毫让人感觉不出距离感，在这样的空间里生活，他们觉得十分惬意。

简约到极致的家，很可能看起来就像光秃秃的审讯室，除了部分清心寡欲的人能适应以外，怕是大多数的人都无法接受。极简也需要有度，简约到登峰造极的地步，除了桌椅、卧榻，只剩下了空荡荡的空间，会让人产生一种无可名状的排斥感。当你扔掉了大量物品以后，记住，千万不要把自己的家变成空房子，空间太拥挤确实不利于心灵呼吸，但是空的意境和无的意境是哲学家或是出世的智者才能达到的境界，它们是我们凡夫俗子无法消受的，简化空间、简化生活没有错，可是把家简化得空无一物就不免有些极端了。

房间里物品少、装饰少、色彩少，虽然可以让人静心，但是若设置得不合理，就极有可能给人造成一种压抑感和高冷感。那么该怎么避免这种情况发生呢？答案是利用有限的物品和别具匠心的创意，让空间变得更加丰富、灵动和富有层次感。简约不代表简单，更不意味着粗陋，它是去粗取精、去伪存真后保留下来的最完美的部分，只要你有一双善于发现美的眼睛和一颗善感的心，就能把简约的家布置得温馨、浪漫、舒适、美观。

色彩对于空间的营造有着不可忽视的影响，想要把家装饰得简约又富有韵味，必须保证色调的统一，用色不要过多，墙壁以白色为宜，家具主体可选用暖色系的明黄色，偏爱肃静的屋主，可选用白亮光系列的家具。配饰上，要考虑时尚感、舒适感和审美意趣，最好能达到画龙点睛的作用，冗余的装饰统统去除掉，尽可能让空间体现出舒朗、典雅之感。

想要打造温馨舒适的居室，在装饰上要学会运用减法，适当地摒弃繁复的装饰材料，通过巧妙的搭配和空间的分割，极少的装饰元素就能收到意想不到的效果。客厅的配色要自然和谐，沙发最好选用浅色，纯白色的墙壁自然过渡到色彩柔和的沙发，不会产生跳脱感和突兀感，在色调上会让人感觉非常舒服。低矮宽大的沙发和玻璃茶几相映成趣，阅读、发呆、品茗，或是慵懒地打个盹，都是不错的选择。木质地板带有天然的肌理，使整个房间充满了清新的大自然气息。部分木器的色泽可以适度鲜亮些，但不能过分夸张，如果色调处理得当，它们将成为居室内一抹非常养眼的亮色。

地板、墙漆、家居用品在色彩搭配上多用浅色，因为浅色具有很好的反光度，可使空间显得更加轩敞和明亮，而厚重的深色较为暗沉，容易给人造成压抑和沉闷感。不要让房间里出现明显的异类色块，异类色块虽能起到装饰和点缀作用，却会在很大程度上破坏整体的柔和和温馨。同色系的颜色不要超过三种，可适度采用一些对比色，以打破素色系的单调感。

如果你觉得素色色调太过清冷、乏味、沉闷，又想追求简约之风，那么可适度采用一些鲜艳明媚的色彩填充空间，用部分小物件来增添意趣，也可添置一盏颇具现代感的椭圆形吊灯，用水晶般剔透晶莹的珠帘营造梦幻般的效果。总之，简约的家经过精心的布置，也可以变得唯美、舒适、温馨，摒除繁复的设计，反而能拥有一个更美更开阔的空间。

巧用转角艺术，死角也能活用

亚当刚刚迁入的新家面积只有八十平米，很多的物件都放不下，可他偏偏喜欢收藏，藏书非常丰富，最近又迷上了中国古董，零零星星地买了一些古玩，眼下摆在他面前的有一大难题，把旧居里的物品全部搬进新家是不可能的，他必须有选择地扔掉大批东西。望着一堆旧物，亚当五味杂陈，真有点舍不得把它们从自己的生活里抹去，思来想去，他最后决定保留大部分藏书和古玩，把其他物品处理掉。

他是一个爱书的人，尤其对历史着迷，非常喜欢具有文化沉淀的东西，十分迷恋那种风尘岁月残留下来的质感和沧桑感，所以他觉得书和古玩对自己来说是最重要的，因为它们给予自己精神上的快乐是无法用金钱衡量的，而其他物品是可有可无的，比如那些新潮的电子产品，他当初买来只是为了让别人认为自己很酷，其实自己并不喜欢，再比如一双双限量版的高价球鞋，他也不是十分喜欢，都是用来凸显品味和向外炫耀的东西。

经过筛选，他把没用的旧物全部扔掉了，可是新家仍然容不下他的藏书和古玩，这可怎么办呢？看来唯一的办法就是提高空间利用率了。他在楼梯拐角处放置了一个长长的书架，专门用来放置自己喜欢的书籍，又做了一个角状的架子，放上了好几层隔板，上面用来摆放书籍和其他用品，这样既有效提高了空间利用率，又显得格外雅致。

他把收藏的几样古玩放在了房间的拐角处，这样灯光从斜角照射下来，给它镀上了一种别样的朦胧色调，进而给居室带来了不一样的神秘色彩。经过一番布置，亚当不仅保留了自己钟爱的书籍和古玩，而且使各个物件相得益彰，进一步美化了居室，他对这样的结果感到分外满意，每天都感觉很放松很快乐。

很多人都有过这样的困惑：即使把所有自己不喜欢的旧东西全都丢掉了，居室的空间看起来仍不够舒朗有致，有限的几样物品无论摆放在哪里，在视觉上都是凌乱的，问题究竟出在哪里呢？原因无非两个：一是居室面积较小，稍微摆放几件物品就显得狭促和拥挤了，二是物品没有摆放在正确的位置上，空间利用率太低。

如果房间太小，经过大清理和大清洗之后，保留的物品仍使得整个空间看起来逼仄、拥挤和混乱，这说明在断舍离方面，你做得还不够彻底，仅保留自己最喜欢最有用的东西，几十平米的空间应该足够了。如果你不擅长布置房间，对空间缺乏整体规划，那么恐怕只有把物品精简到只剩下卧榻，才能改变混乱局面了。

提高空间利用率，是解决所有问题的不二法门，把空间使用到极致，家里即使多放了几样物品，也不至于混乱不堪。当然，提高空间利用率，并不意味着把每一寸空间都使用上，因为那种做法非常不符合极简主义的理念，提倡极简的人是非常注重空间的留白的。那么如何在保留空间大面积留白的同时，又能加强空间的利用呢？答案是你要学会运用转角的艺术，合理利用房间的死角。

不起眼的死角，若是能灵活运用，往往能收获出乎意料的效果。以复式结构房子为例，楼梯下的空间都是死角空间，其实善加利用，完全可以把它变成一块美好的休闲之地和完美的收纳区域。在楼梯倾斜性的死角里摆放上桌椅茶具，随时来这里品茗遐思，可谓其乐无穷。也可以在这里添置一个收纳柜，把各色物品收纳其中。最有效的办法是沿着楼梯的边缘，制作一个 L 形的收纳柜，短小的部分可收纳书籍、报刊，长形区域可放置各种物品。

楼梯拐角若能变成藏书阁和储物室，那么就能大大提高房间的空间利用率。试想一下，当暖融融的阳光照进屋子，给整个房间镀上了温暖的橙色，你悠闲地坐在楼梯下的椅子上，随手抽取一本自己喜欢的书籍或杂志，那是一件多么惬意的事啊。女作家三毛拥有三千册图书，由于她的家足够大，足以容纳这些图书，所以不必强迫自己断舍离。假如你的藏书也很丰富，收藏书籍的目的不是为了装点门面，而是为了汲取更多的知识，偏偏房间的面积又十分有限，那么可以尝试一下这种方法，把楼梯下的空间发展成一个微型的藏书阁。

杂物是房间混乱的罪魁祸首，刚刚下定决心断舍离的时候，很难一次扔得彻底，处理掉这些杂物，需要你付出持续的努力。在与成堆杂物相伴的日子里，你必须想方设法把它们安置好，帮它们找到临时的居所。把杂物放进楼梯下的储物柜里的确是一个很好的主意，这样做就可以将它们占据的空间降到最小，以减少对整体空间的影响。

在不同功能区的拐角处，设计一个小型洗手台，既能提高空间利用率、方便生活，又不破坏整体上的和谐美感。很多人把阁楼当成家居的死角或者干脆把它当成堆放杂物的仓库，这是对空间的极大浪费。阁楼空间具有很好的私密性，它完全可以变成一个独立的私人空间，把它设计成一间书房或是浴室，都是不错的选择。需要注意的是，不是所有的死角、转角都应该被充分利用，有些死角就应该成为死角，比如墙角，不要在那里堆放任何杂物，否则就会影响整体的观感，破坏空间的和谐美。

屋舍不必奢华，但要舒适

詹姆从祖父那里继承了一大笔遗产，有了钱以后，他首先想到的是买一栋漂亮的大房子，然后配上高档的大理石地面，奢华的家具和各种天价藏品，墙壁一定要挂上名家的画作，数量越多越好，起居室里多摆放几幅栩栩如生、庄严肃穆的雕塑，好让别人一看就认为自己有品位。房子的整体风格要看起来炫目，装修材料全选最贵的，以凸显屋主雄厚的财力和尊贵的地位。

詹姆按照自己的意愿，把新家布置得金碧辉煌，还特意邀请朋友们到家中做客，看到大家惊异的目光，他感到十分满足，心想：那些人没见过世面，一定没有看到过这么漂亮这么奢华的房间，他们能来这里做客，也算是开了眼界。尽管朋友们没有发表任何评论，但是从这些人的眼光中，詹姆仍然读出了羡慕、嫉妒的意味，这让他很是得意。

长期以来，詹姆都以拥有一个宫殿般奢华的家为傲，然而一次偶然的经历却完全改变了他的想法。有一天夜里他睡得迷迷糊糊，忽然感到分外口渴，顾不上开灯便快步厨房里找水喝，路过客厅的时候，皎洁的月光洒下来，正好照在一尊尊肃穆的雕像上，显得分外可怖和阴森，他被吓了一跳，顾不上喝水就逃回了卧室。

第二天，他把那些价格不菲的雕像全部搬出了房间，后来陆陆续续把其他昂贵的物品也搬了出去，没过多久，所有的屋子都改换了模样。朋友们再来做客时，不再感到局促，一番谈笑风生之后，有位朋友对詹姆说："你的房子现在看起来倒是更适合居住了。"

在装扮家居时，有的人追求极致的气派和奢华，不惜耗费巨资添置各种昂贵的物件，同时采用了各种时下最流行元素，旨在打造一种富丽堂皇、雍容华贵的不凡气质，认为只有这样的豪奢才配得上自己的身份和地位。然而却忘了，咄咄逼人的奢华元素堆砌太多，往往会显得俗气，你的家是否高端、大气不在于你投入了多少金钱，而在于你是否懂得营造舒适美观高品位的空间。

对豪奢的执迷其实反映的就是一种赤裸裸的拜物观念，放不下这种执迷，你永远都不会明白家的概念。家不是你向外界证明身份地位的地方，它是你心灵的栖息地，一个专属于你自己和家人的私密空间。它不需要太奢华，素朴、宁静、简洁即可，待在这样的空间里，你才能得到真正的放松和最大限度的自由。酒店会所风格奢华，可它们不过是供人短暂停留的地方，把这种风格复制到家里是非常不适宜的。

在家装方面，与其跟别人比规模、比奢华、比新奇，不如比生态比健康比环保。何不摒弃那些多余浮夸的装饰，从生活的实际需要和内心的需求出发，让空间环境变得更宜人更宜居呢？与其盲目追求奢华品质，还不如秉承简装精饰的原则，把家打扮得更清雅更亮丽一些，要知道简约清新才是大美。

居室，作为一种空间，不仅是用来休息和睡觉的地方，而且是用来生活的地方，你只有学会用艺术家的眼光来看待空间，才能诗意地栖居、艺术地生活。装饰品不在多也不在贵，如果你的家里堆砌了一堆冗余无用的奢华物品，连一处能让自己静下来的空间都找不到，这实在是一种悲哀。盲目消费、跟风消费，买不来生活品质，反而会离生活的本真越来越远。简约主义的背后反映的是一种现代生活观和消费观，家装要注重生活品质，遵从健康时尚、环保节能的理念，不要一味追求豪华和气派。

无论屋子面积有多大，都没有必要为了凸显自己的阔绰，而添置体积较大却不实用的物品，尽量添置一些不占空间、可折叠多功能的东西。别让那些没用的家具和乱糟糟的装饰，把自己挤占得没有了活动空间。无论你想把家装饰成什么样子，都不能影响日常生活的质量。与极简生活不搭调的东西，尽可能舍弃，在简化家居环境的同时，要充分考虑到自己的生活习惯和审美取向，用少而精致的装饰体现出自己独特的个性。同时要树立环保意识，首选环保材料装修，家用电器以及其他器具要选用节能品牌。

盲目攀比、不成熟消费，既耗费资金，又让多余的物品占据了更多的室内空间，非常不利于人的身心健康，可谓是百害而无一利，其实就房屋的功能性而言，温馨舒适才是最重要的，家装尽可以从简，只要能体现出家的感觉就可以了。一只舒服可爱的靠枕、一只别致的杯子、一条温暖漂亮的毯子，就能构筑起家的感觉。不占空间的小物件更容易体现出家的印记，它们无需你花费太多，却能给你的生活带来无穷的乐趣。

温馨小天地 PK 豪华大房子

克莱尔非常羡慕老同学崔西，因为后者有一所非常阔绰的大房子，里面有好多房间，每个房间都装饰得别有洞天，最重要的是可以收纳很多物品，无论崔西怎么狂买，她的家都不会显得拥挤。反观自己九十多平米的小屋，容量实在有限，尽管和崔西比起来，克莱尔消费已经算是比较节制了，可是随着物品的增多，房屋的空间越来越不够用了，家里因此变得既拥挤又混乱。

克莱尔做梦都想买一栋像崔西家那么大的房子，为了实现这个目标，她辞掉了工作，开始尝试创业。她不分昼夜地忙碌着，就像一个停不下来的陀螺。然而几年过去了，她的生意依旧没有起色，所以购置大房子的梦想就这样泡汤了。有一天她应邀参加了崔西的生日 Party，聚会上多喝了几杯。眼见人们三三两两地散去，自己就是挪不动脚步。崔西见状，索性留她在家里过夜。

酒醒之后，克莱尔竟忍不住哭泣起来，她向崔西说起了购置新家所做过的努力，一再强调自己多么渴望拥有一座大房子，并十分委屈地说："我的房子实在太小太寒酸了，多添置一点东西就放不下了。"她本以为崔西会同情自己，没想到崔西听完她的哭诉之后却说："我觉得九十多平米的面积足够用了。我家虽大，但大部分空间都闲置着，没什么用。而今我不像以前那样热衷于买东西了，觉得非买不可的东西实在是少之又少，现在大部分房间都被清理出来了。"

说完崔西带着克莱尔逐一参观了各个房间，克莱尔关于大房子的幻想瞬间破灭了，她想也许崔西说得对，她并不需要那么多房间，也不需要那么大的房子。回到家中以后，克莱尔把房间收拾了一番，望着眼前温馨的小屋，忽然产生了一种前所未有的满足感。

房子面积的大小，真的跟生活品质成正比例吗？坦白来说，不见得。把多余的物品统统处理掉，你就不需要那么多储物间了，仅留卧室、客厅、厨房、洗手间足矣。这已经能满足你日常生活所需了。如果你懂得如何最大限度地利用空间，中小户型的房子也能在视觉上体现出舒适、轩敞、明亮的特点。

客厅是居所的门面和整个家的灵魂，如果面积不大，就不要在里面堆放太多杂物，以免看起来杂乱。不要以为把杂物全部放进收纳柜里就可以轻松解决全部问题了，柜子太多，也会侵占室内面积，减少你正常的活动空间，而且影响空间的美感。也就是说中小户型的房子，尽量少放杂物少放收纳柜，东西越精简越好，空间留白越多越好。

一个极简的空间应该以人为主，以收纳为辅。在墙壁上设置隐藏的收纳柜，可使房间显得更加宽敞。采用中性色调布置空间，能给你带来不一样的简约、现代、时尚感。室内柔和的色彩，衬托着斑驳的光线，墙壁上投下婆娑的疏影，一切要素自然融合，美感浑然天成。小空间应选择精巧雅致的家具，淘汰笨重体积大的家具，扩宽人的活动范围。如此一来，小小的天地也足以容纳你和家人、朋友的欢聚时光。

此外，巧妙设计镜子的位置，能极大地拉伸空间的视觉感。挑高的天花板可增加你的创意空间，让房间显得更加轩敞开阔。巧妙的空间设计可以弥补房屋面积的不足，只要动些脑筋、花些心思，小空间也可以变成一个极富创意和灵感的大天地。需要注意的是，切忌让空间显得太平淡太刻板，而要设法让其变得有内容有肌理，有跃动起伏的变化，具备层次感和立体感，拥有这样的房间，即使面积不大，也能给你带来心旷神怡的感觉。

让自然光成为最棒的空间化妆师

莉莉丝十分迷恋光影效果，在家里安放了各种漂亮的灯具以及数十盏射灯，无论是白天还是晚上，走进她的家，就仿佛置身在光的海洋，几乎完全让人感觉不到自然光的存在。客厅里奢华的水晶吊灯和低垂的水晶珠帘互相映衬，亮得刺眼，每走几步就能看到一盏或古典或现代的灯具，光线打在豪华的高档家具上，制造出一种说不出的迷乱感。莉莉丝还花大价钱买了精美的壁灯，自认为有了它，房屋瞬间提升了档次。

莉莉丝本身没有任何照明知识，只是盲目地迷恋光的艺术，她觉得光可以让房间里的一切物品变得更显眼更有档次，却没有意识到滥用照明，使得光线杂乱不堪，反而破坏了空间的层次感和美感，而且到处都是光污染，对自己的身心健康极为不利。

光在立体空间里能塑造出迷人的层次感及轩朗通透感，所以对于任何一间居室来说，照明采光都是非常重要的。为了让光制造出神奇炫目的效果，凸显出家居的档次以及个人的不俗品位，很多人在安置照明设施时走入了误区。人们似乎忘了，大自然给予人类最好的馈赠就是自然光，阳光让万物生长，给予大地光明和温暖，同时赐福与我们，它不仅让地球有了勃勃生机，而且兼具魔术师和空间化妆师的身份，通过光影的变化，赋予了事物不一样的美感。如果你能把自然光引进室内，不仅可以让自己更舒心更健康，还能利用光影营造的效果，提升空间的丰富性和层次性，让房间充满活力。

我国古代的建筑大多是坐北朝南的，为的就是把更多的阳光引入室内，使房间看起来更宽敞更明亮。对于现代建筑来说，理想的房屋格局

当然也是以南向为最佳，因为它采光更好。充足的光线，给人营造的欢愉和乐趣，是任何人工照明所不及的，它所带来的色彩效果和微妙感觉，也是所有奢华的灯具代替不了的。回想一下，清晨的阳光透过玻璃窗洒在你身上的感觉以及它倾洒在地板上给你带来的美好感受，这样的画面是人工能做到的吗？再回顾一下，夕阳透过窗子进入房间的画面，那层温暖的橙色是人工能调和出来的吗？

人们为了追求所谓的尊贵和气派，滥用照明，即使白天也希望把居室营造得灯火辉煌，这是非常不必要的。白天最好屏蔽所有的人工照明，这样做不仅有助于缓解视觉疲劳，而且随着自然光光线强弱的变化以及光影的移动，你能感知到时间的推移以及昼夜的更迭。一间普普通通的居室，因为光的改变，也能在不同的时段呈现出不同的美来，人工照明则很难做到这点。在自然的光线下，感受朝晖夕阴、四季循环，是一种非常棒的体验，千万别让虚荣心和奢侈的欲望剥夺了自己的这点小乐趣，适度地削减和屏蔽人工照明，你的生活将变得更加美好。

在白天，自然光是最棒的空间化妆师，也是最好的照明工具，但到了晚上，夜幕降临，人们若不借助灯具，恐怕就要置身在伸手不见五指的黑暗中了。可见人工照明也是有价值的，不过它的存在不是为了给你奉上什么豪奢的视觉盛宴，也不是为了凸显你的品味和身份，而是为了让你能正常地视物、休息和生活。当然，运用得当的话，它也能给空间营造出些许美感。

夜间照明的滥用比白天更甚，比如卧室，灯光本来不宜太亮，光线以柔和为佳，略暗一些也无所谓，重要的是它能让你的心沉静下来，让你休息得更好睡得更香甜。有的人由于过分在意灯具的外观，太注重它的装饰风格和装饰效果，而忽略了其本身的作用。结果在卧室里安放了精致、奢华、炫目但却不实用的灯具，影响了睡眠。

穷尽可能，不如给想象力留白

奥利维亚最近感到身心疲累，她接手了一个大项目，遇到了挑剔的客户，压力空前大，偏偏在这个时刻，男友又移情别恋了，所有的烦心事一齐涌上心头，她感觉自己就快窒息了。当她忙碌了一整天，拖着疲惫不堪的身体回到家里时，看到满屋没有收拾好的衣服、杂志更是无比心烦，一怒之下，她把大部分旧衣服旧杂志都扔了。

虽然家里宽敞了很多，但奥利维亚仍觉得房间整体上看起来杂乱无章，而这多半是由那些乱七八糟的装饰品引起的，紧接着她把多余的装饰全部去掉了，心情暂时平复了下来。以前她十分热衷于装饰房屋，一看到空余的地方就想着如何填补和加以利用，花了不少钱添置家居装饰。长期以来，她已经习惯了塞满流行元素和各色装饰品的空间，直到工作上遇到了麻烦，情感上又出现了问题，在双重打击和双重压力下，她再也不能忍受凌乱拥挤的空间了。

她很想抛开一切，放下所有包袱，做一个简单快乐的人，迫切需要一个可呼吸的空间。家里的东西变少，空间元素变得简单之后，她虽然感觉略微放松了些，但是仍感觉压抑，更糟糕的是房间变空以后，她的心也变得空荡荡的，不知道该怎样填补大片大片的精神空白。

现代人普遍面临着来自各方面的压力，有源自工作上的，也有来自感情和生活方面的，负面情绪常常得不到宣泄和排解。在公众场合，为了维护个人形象以及基于利益的考量，人们不得不戴上微笑的面具，回到家里只剩下一个人时方才肯放下一切顾忌，显露原型。出于各种原因，人们大部分时间都不敢大胆地做自己，唯有在私人领地时才有机会展露自己最真实的一面。

面对外界，你可能经常身不由己，但是回到家里，一切都可以由自己做主。不必再在乎别人的目光，不必敷衍和讨好任何人，不必在比较游戏中寻找自己的位置，让自己的生活精简再精简，精简到极简，给空间保留大片大片的留白。然而精简物品，为房间留白只是第一步，如果你每天都在扔东西，看到杂物就想扔，房间里的物品已经精简到接近空无一物的地步，可是心里仍然觉得压抑、不开心，这就说明要改变自己的心理状态，只靠扔东西是远远不够的。

摔盘子能给人带来莫大的快感，扔东西也一样，但扔东西不是单纯为了寻找快感。任何一种快感都是短暂的，而内心深处的快乐却可以像涓涓细流一样永无消歇。断舍离是为了寻求持久的快乐，但是舍弃了多余的物品，并不意味着马上就能获得快乐。你必须找到更好的东西填补空出来的大片空间，才能活得充实而安宁。

以前你的家被各种杂物和装饰品占领了，以至于待在这样的家里，你的身心无法自由地呼吸、尽情地放松，经过去繁存简的空间革命以后，空间环境空前开阔。随着物品的精简、空间的明朗，你的身体和心灵都将得到自由舒展。这说明留白是非常必要的。问题在于你若是不懂得欣赏留白之美，看到的只是空空的墙壁和冷冷清清的家，心情将再度陷入压抑。更大的问题是，曾经被物欲占领的心被清理之后，应该用什么内容来迅速填补，你必须找到答案，才能使自己免于陷入空虚和无聊。

曾几何时，你致力于穷尽一切可能，恨不能用花花世界里的好东西把房间填充满，变得理性以后，你开始试着把房间腾空，可腾空之后又如何呢？你发现了美，还是感觉空空荡荡？你期望彻底从欲望中解放出来，获得自由以后又如何呢？如果你找不到新的追求，会不会重蹈覆辙，再次陷入欲望的泥潭？要想解决这一问题，你必须培养自己的想象力和感受力，如此才能从留白的空间中获取更多的能量和快乐。

房间之所以要有留白，不是为了存储新鲜氧气，而是为了给人留下想象和思考的空间。留白制造出的空灵之感和悠远意境，是任何物质都比拟不了的。它虽是"舍"的结果，却能让你得到更多。你只有让麻木的心灵重新变得敏感起来，才能发现更美的所在，才能在空白中看到充盈。留白是一种以有胜无的艺术，只有真心热爱生活的人，真正关注自己心灵的人，才能发现它的价值。

生活是需要一点诗意的，即使每个人都免不了要在俗世里奔波，我们仍然要在心里保留一亩田，不用它种任何经济作物，只用来种花，或者什么也不种，任凭它空置着，以供我们想象。房间里的留白具有异曲同工的妙用。它似乎什么都没有，又似乎容纳了一切，它让我们在手握便士的同时，仍能看到月亮，使我们能透过庸俗的人生，看到海看到花，看到一切美好的东西。

黄金地段≠宜居之地

查理的家坐落在曼哈顿最贵的街区，这里名流云集，热闹非凡。刚刚入住的时候，他感到分外骄傲，觉得打拼多年终于熬出头了。可是没过多久，他的兴奋劲就消失了，取而代之的是无尽的惆怅和茫然若失的感觉。因为房屋地处最昂贵的地段，他的积蓄又十分有限，所以面积、采光、通风等各方面的条件都不是很理想。他没有财力购置阳光豪华公寓，又拼了命地想挤到市区里最炙手可热的地段，自然购置不到理想的房屋了。

查理面临的第二个问题是不知如何融入当地，他那一口浓郁的德州口音暴露了他的出生地，因为这个原因，邻居们总是调侃他，他感觉自己与周围的一切格格不入，每天都过得很不开心。他明显地感觉到，这个街区的人既不欢迎他，也不想接纳他，他在这里交不到朋友，也找不到志同道合的人，因此变得郁郁寡欢。

查理由于长期抑郁，忽然变得对声音格外敏感，走在大街上，他觉得四面八方的噪音向自己袭来，这令他感到分外心烦。如今他非常后悔把家安置在那个让人羡慕的地段上，假如上帝再给他一次选择，他会选择一处宁静祥和、能真正给自己带来快乐的地方，绝不会因为贪图一时的虚荣而选择在一个与自己极不协调的地方安家落户。

家，不必坐守繁华，不必尊贵奢华，只要宜居方便，让你能产生倦鸟归巢的感觉，能让你拥有原汁原味的极简生活就好。或许有的人认为居所的地理位置和个人的社会地位是挂钩的，能独霸黄金地段是自己晋升到精英阶层的象征，而偏守一隅则意味着失败、失意和被边缘化。这显然是太看重外界的看法了。在熙熙攘攘的大都市，把家安置在车水马龙的繁华大街上，意味着更多的噪音更多的污染以及各种数不清的烦恼。最贵的未必是最好的，这句话对于安家落户同样适用。

要想过上真正的舒适生活，而不是别人眼里的舒适生活，就要学会运用"断舍离"的极简理念思考问题。要断掉用产业为自己镀金的想法，舍弃对精英身份的执着，抛开一切的杂念和干扰，从房屋的功能性和宜居性来考虑问题。那么怎么选地段才是最合适的呢？

首先要考虑交通的便利性。这里所说的便利性不止是指拥有四通八达的立体交通，还包括通勤是否方便。以 IT 从业人员为例，其工作地点大多集中在中关村，若是把家安置在东城区，每天通勤都需要耗费大量的时间，这是很不划算的。众所周知，东城区属繁华富庶之地，是北京城的中心，能在这里占有一席之地自然是一件荣耀的事情，可是这就意味着所有人都应该蜂拥到这里吗？显然不是的。

第二个要考虑的因素是价格。在楼市价格飙升的时代，繁华地段的房价基本都是天价，那里的高楼大厦俨然已经成为少数人才能拥有的专属区域，是否要进驻寸土寸金之地，要视自己的经济条件而定，在自己腰包不那么充实的情况下，入住繁华之地是一种非常不明智的选择，因为在同等价格下，在其他地段你完全可以购置到一栋明亮宽敞、通风采光俱佳的房屋，而在繁华地段恐怕只能蜗居了。要知道在核心地段，即使是一个小小的卫生间，价格也是非常昂贵的。

第三个要考虑的因素是周边配套。成熟的配套可以给你的生活带来极大的便利，如果周边超市、商场、餐馆、菜市场、医院、学校一应俱全，那么日后你吃穿住用行、就医以及孩子上学都不用犯愁了。就近服务或者一站式的服务，不仅能大大方便你的生活，还能帮助你节约大量的时间。相反如果周边配套非常不完备，你无论做什么事情都必须长时间坐车奔波，那么生活质量肯定大打折扣。

第四个要考虑的因素是人文环境。俗话说物以类聚、人以群分，如果你生活圈里的人跟你有着相同的兴趣和爱好，偶尔在街角的咖啡馆遇见，两人可以畅所欲言、无所不谈，生活势必会增添很多乐趣。相反若是你居住的街区，大多数人都与你没有共同语言，彼此共处几十年都有可能成为擦肩而过的陌路人，甚至极有可能老死不相往来，你随时都能感觉到都市人的冷漠和距离感，心情势必受到影响，这直接关系到你的幸福指数，所以在选择居所时，一定要事先考察好人文环境。

第四章 简约不简单的别样生活

极简不止限于物品的占有，事实上，它已经渗透到了生活的各个层面。物质上的极简只是一种外在的形式，我们所要达到的是一种情绪上的极简和精神上的极简。

极简理念体现在吃穿住用行、娱乐休闲等各方面，正以一种独特的方式影响和改变着人们的生活及行为习惯。

在饮食上，极简主义者主张去除繁杂的烹饪工序，杜绝味道的过分渲染，提倡还原食物原有的清新口感；在穿衣打扮上，他们主张穿简洁、大方的衣服，不追赶潮流，不为花哨的元素所惑；在运动方面，他们主张摒弃昂贵笨重的器械，抛却浮夸的炫耀，主动投身平民运动，潇洒自如地舒展自己的身体；在出行方面，他们倡导环保低碳的出行方式；在休闲娱乐方面，他们号召人们远离无聊的电视栏目，不把购物当成最高乐趣，旅行过程中要努力寻找诗和远方，不为多余的奢侈品停下脚步。总之，在极简主义者看来，生活本来就是极其简单的，只要你放下多余的欲求，随时都能感知到极简给你带来的灵感和乐趣。

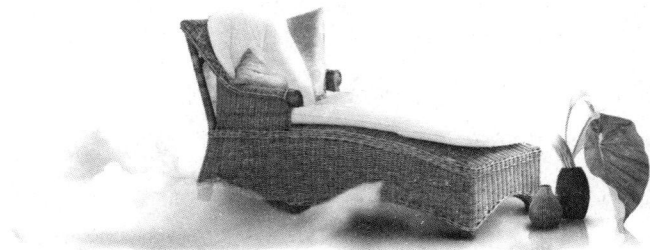

简单烹饪，还原食物本真的味道

鲁比平时做菜，喜欢采用简单而原始的方法，油盐尽可能少，调味料也不多，为的就是最大限度地保留食材的原味和营养。她几乎不做煎炸食品，所做的任何一道菜品也都没有复杂的工序，通常简单烹调一下就能做出一盘美味。这样做菜既减少了油烟的危害和清洁厨房的麻烦，还能保留食材的营养价值，保证天然食材的新鲜口感，可谓是一举多得。

在鲁比看来，极简清淡的饮食，并不影响食物的丰富性和多样化，更不意味着降低饮食的质量。复杂的工序大多会破坏食材的营养，而过多的调味料则会掩盖食材原有的清新味道，只有采用极简的方法烹调，才能做出更精致更原汁原味的美味佳肴，这样做出的家常菜往往比酒店里的丰盛大餐更美味，也更利于人体健康。

食物不仅能果腹，还能给人的味蕾带来极大的刺激和享受，所以它的功能不知不觉就被人类异化了。在等级森严的古代，贵族提倡"食不厌精，脍不厌细"的饮食方式，在烹调方面讲究精工细作，人们在饮食方面的穷奢极欲，我国古典名著《红楼梦》里有着精彩的描写和体现。到了近代，人们都在追求极致美味的食品，全然忘记了吃东西是为了从中吸收身体所需要的营养，以维持基本的生存和机体的健康。科学证明，越是美味的食品越是不健康，比如烧烤和膨化食品，时下非常受欢迎，然而前者含有致癌物质，后者能使人发胖。而那些加入了各种添加剂过度加工过的食品，不仅会导致营养不均衡，还会使人体过量摄入各种有害物质。

事实证明，享受美食也应该遵循极简主义原则。饮食不能单纯追求感官上的享受和味蕾上的刺激，而要在追求品相和厚味上有所节制，去掉多余的元素、配料和颜色，更多地关注食材的营养和天然口感，让吃也能成为一种净化心灵的享受。关注一下美食领域你会发现，世界上顶级的名厨基本上都不推崇复杂的烹调工艺或是多得令人眼花缭乱的配料，他们往往能用最简单的食材、最简单的烹调手法，就为你呈现出最新鲜最美味最健康最营养的一盘盘美味佳肴。

山珍海味吃多了，换换口味，你会发觉青菜豆腐也很美味，大鱼大肉吃多了，偶尔喝一碗热腾腾的玉米粥，方能尝到粮食甜香的滋味。有时候最简单的食材往往最养生。

有的人一餐就要花费上万元，不仅追求舌尖上的快感，还想享尽人间极乐，一边听着貌似高雅的音乐，一边在豪奢的高级餐厅里大吃大喝，结果吃得油光满面、肥头大耳、胆固醇虚高。有的人虽然在饮食上花费不多，但是总往嘴里塞各种快餐食品，或者用零食代替主餐，严重违背了健康之道。

极简主义所追求的是一种简易而健康的饮食方法，它要求食材简单易得，烹饪步骤简单，调味品少而精，尽可能地减少烹调对食材营养和口感的破坏。在就餐环境方面，不需要刺眼的灯光、迷乱的音乐及墙壁上劣质的油画，也不需要奢华的餐具和天价菜单，一切简简单单，无须花费太多，即能享受到不一样的美妙体验。

极简主义者美食家马克·比特曼非常喜欢用南瓜做食材，他把南瓜切丝之后晾干，使其变得又软又甜，咀嚼起来脆脆的又有嚼头，味道好得不得了。在他看来没有经过过度加工的食物反而更有风味，把几样简单的食材直接搅拌在一起通常能创造出一种全新的口感。他说："每一种食材都具有强烈的个性。当它们呈现出最原始的形态时，这种个性会得到最好的表达。"

的确如此，什么都不加的白粥，经过简简单单的熬煮，要比添加了很多食材，经过多道工序烹制出来的米饭，口感更好。而未经烹调的刺身，享用时佐以简单的酱料，其鲜美的味道便远胜过精工细作的珍馐佳肴。可以毫不夸张地说，在美食方面，极简的就是极好的，极简主义美食不仅能让你体验到食物新鲜细腻的口感，还能让你吃出健康，吃出优雅，吃出境界来，因此从某种意义上说，极简美食胜过一切饕餮盛宴，遵从极简的饮食方式，你即能获得不一样的全新体验。

把白开水当成最好的天然饮料

艾米丽是一个年轻而任性的女孩，她非常爱喝软性饮料，对可乐、碳酸饮料和各种甜味汽水可谓是百喝不厌，每天都要喝好几瓶饮料，每日只喝一小杯水。由于摄入了过量的糖分，她体重激增，最重时体重超过了 200 磅。朋友劝她少喝饮料多饮水，她却不以为然地说："水一点味道也没有，我实在不想喝，饮料酸酸甜甜味道多好呀，更何况现在是夏天，气温那么高，喝点碳酸饮料又清凉又消暑，有什么不好呢？"

朋友列举了碳酸饮料对身体健康的种种危害，艾米丽一点也不在乎，她固执地说："我觉得喝可乐是一件很酷的事，打开可乐，看着上面的泡沫，心里就感觉清凉。现在可乐那么受欢迎，大部分年轻人都喜欢，我为什么要拒绝它呢？"朋友见无法成功说服她，只好放弃了。若干年后，艾米丽得了严重的肾病，需要长时间住院治疗，她这才感到万分后悔，可惜一切已经无法挽回了。

有人曾经对饮品市场做过一次调查，发现广大消费者首选的饮品是各种色彩丰富、口感酸甜、冒着气泡的软饮料，而不是牛奶、果汁或水，第二选择是可乐。也就是说软饮料、可乐比矿泉水、牛奶和果汁更受大众追捧。人们之所以这样选择，原因有两点：一是为了追求快感和口感，二是为了追赶潮流，希望自己能通过对饮品的选择体现出商家所宣扬的那种独特的品位。以可乐为例，人们普遍认为喝可乐是热血、激情、年轻、有活力的象征，广大年轻人为了贴合这一形象，会不约而同地选择喝可乐。

毫无疑问，自从可乐打开了市场，像一股旋风一样登陆了世界各地，喝可乐就成了一种时尚，很多年轻人运动完之后都会灌下一大瓶添加了大量色素、糖精、防腐剂的饮料，甚至一度用它取代了水，选择喝白开水的人越来越少。但是从健康角度看，白开水才是最好的天然饮料，任何一款饮料都不该取代它的地位。

科学研究显示，碳酸饮料中的色素、防腐剂、添加剂、糖分等物质，没有一样是对人体健康有利的。它们不仅会让人发胖，还会破坏人的弱碱性健康体质，引发机体病变，严重时可导致肾功能衰竭。近年来随着健康意识的增强，在饮品方面，人们越来越推崇极简主义，低糖、低卡路里的饮品成为了饮料界的新宠，在减糖风潮的影响下，什么都不添加的瓶装水销量大幅度上涨。在美国，瓶装水的销量已经超过了各类冒着气泡的汽水，可乐的销量出现了明显的下滑。这说明人们的消费理念日趋成熟，再也不会轻易为极致的快感和所谓的时尚概念买单，而是更倾向于为自己的健康买单。

当你尝过了各色饮料并深受其害后，才会明白白开水有多么纯净健康。当生活方式真正回归到极简，你才会发现清淡无味的饮品才是最好的。水是生命之源，尽管它寡淡素味，却是身体不可或缺的，每天多饮几杯水，胜过一切琼浆玉露的滋补。如果你经常关注热点新闻，会发现这样一种现象：任何一个长寿村和百岁村，都有一个共同的特征，那就是那里的人们观念非常淳朴，饮食极其清淡简单，饮品只有纯天然的山泉水。

这些世代喝着山泉水长大的村民，从来就不知道什么是添加剂，身体都非常健朗，更重要的是他们不追求酸甜口感，不会被铺天盖地的广告吸引，也不会被过剩的欲望纠缠，活得自然而简单，内心就像山泉水一样透明、纯粹、不含杂质，因而烦恼更少快乐更多。

其实，这些村民就是地地道道的极简主义者，虽然他们可能连极简的概念都没听说过。而心态复杂，知晓各种时尚、新锐、前卫理念，沉迷于各色饮料中的我们，在追求享乐的过程中却走入了误区。可见懂得越多，选择越多，思维越复杂，未必就越智慧，而尊重生活、真爱生活其实并不需要了解太多，从了解一杯白开水的价值开始即可。

运动越平民，离健康越近

史密斯由于长期坐办公室，身材臃肿发福，体质越来越差，他多次想过借助运动改善体质，重塑好身材，但最后都没有付诸实践。他向一个运动员朋友诉苦说："真羡慕你，想要运动就能运动，不像我整天坐着一动不动，而今越来越胖，健康状况也每况愈下了。"朋友说："你如果想运动，下了班也可以运动啊，周六周日随时都可以运动啊，为什么要羡慕我呢？"

史密斯叹口气说："我没有条件运动啊，最根本的问题是缺钱。比如橄榄球运动，一套装备就得好几千美金，太烧钱，我可玩不起。高尔夫也不便宜啊，绿茵场虽然迷人，但不是随便哪个人都能涉足的，谁不想优雅地挥杆、酣畅淋漓地打场球呢，可是必须得消费得起才行啊。"

朋友说："你以为只有橄榄球、高尔夫这样高消费的运动才算运动吗？这你就大错特错了。其实运动可以成本很低，也可以完全没有成本，散步、划船、跑步、爬山、游泳都是运动啊，这些运动不仅不用花费太多，而且能让你跟大自然亲密接触，你为什么就不考虑一下呢？"

法国哲学家伏尔泰说："生命在于运动。"很久以前，人们就已经意识到了运动的重要性。运动最初只是全民健身的一种方式，同时又能使人们尽情放松娱乐，所以在民间是非常受欢迎的。然而随着时代的演进，运动除了强身健体和休闲娱乐的功能以外，又被赋予了更加复杂的内涵，部分成了某种被包装出来的奢侈事物，贵族运动和平民运动从此泾渭分明，有了明确的分野。

贵族运动大多花费高昂，且被赋予了优雅尊贵的内涵，是有钱人才玩得起的烧钱游戏。比如高尔夫就是一种典型的贵族运动，出身于贫民窟里的老虎伍兹在成为世界上身价最高的高尔夫球运动员之前，曾经历经艰辛。归根结底，是对这项体育运动的真挚热爱而不是因为对贵族运动的执着，使他走向了人生的巅峰。除了高尔夫之外，击剑、马球、赛车都属贵族运动，这些运动花费不菲，且需要高超的技巧，所以令不少人心驰神往。最不需要技巧的烧钱运动，应该是驾着私人豪华游艇出海，在别人的注目礼中乘风破浪，既刺激又出风头，可谓是好不痛快。那么极简主义者崇尚什么样的运动呢？他们是否也尊崇贵族运动呢？

极简主义者根本不会以花费的多寡来衡量运动本身的价值，而会让运动回归自己的本质。极简主义者认为尽可能地减少器械的使用，抛开身体的羁绊和观念上的束缚，倾听自己有力的呼吸，痛痛快快地流汗，是一件幸福而有趣的事情。散步、慢跑、游泳、爬楼梯、骑车、俯卧撑、仰卧起坐都是极简主义者推崇的健康运动方式。

散步是最简单最有效的锻炼方式，这种运动方式要求不高，你只要拥有一双舒适的鞋子就足够了。专家说，散步一小时就可以消耗 500 卡的能量，散步 7 小时消耗的能量可达 3500 卡，即可减掉一磅的体重。当然，散步不是一种高强度的运动，刚刚开始散步时，时间最好控制在5～10 分钟，以免腿部酸痛，以后可将散步的时间慢慢延长到半小时左右，每次增加的时间最好不要超过 5 分钟。

散步在任何时间、地点都可进行，不分季节不分寒暑，但是要尽量避开雾霾天气。在不同的季节，缓步徐行的你在路上能看到不同的风景，边赏景边运动，别有一番乐趣。春天映入眼帘的是一片鹅黄嫩绿，盛夏你将收获最浓美的绿荫，清秋看到的是漫天飞舞的黄叶，冬天所见的是一派粉妆玉砌、银装素裹的美丽景象，晨时的朝霞，暮时的雾霭，偶尔的蒙蒙细雨点染其中，所营造的诗情画意难以用任何语言来描摹。

游泳是一种非常亲近自然的健身运动，人在水中得到的自由是在陆地上无法获得的。从生理学上讲，游泳是人类与生俱来的本能，它是新生儿天生具有的一种条件反射。婴儿在子宫内羊水环境中发育成长，对液体非常熟悉，所以刚出生时放到水里一般都不会溺水。人成年以后在水中自由游弋，也会感到非常愉快，因为内心会莫名产生一种回归自然、回归母体的愉悦感。游泳这项运动适合于各类人群，不要以为只有拥有私家游泳池或是有钱到最美的海滩度假的人才能享受畅游的乐趣，只要你热爱这项运动，随时都可以跟水来次亲密接触。清澈的小河、湛蓝的大海都可以成为天然泳池。

人类也许会根据景区的知名度，把海划分成若干个等级，其实无论哪里的海都是美丽的，不知名的滨海小城，也可能拥有美不胜收的海景。放下观念上的包袱，无须花费太多，你即能在蓝天碧海的怀抱里尽情畅游，享受到与大自然亲密相拥的快乐。

慢跑、骑车是全世界最流行的两项有氧代谢运动，在发达国家的大都市里，到处都能看到穿着轻简的运动装摆臂慢跑的人以及骑着自行车高高兴兴兜风的人，他们是城市里非常独特的一道风景线，不约而同地选择了用极简的运动方式诠释着自由、活力和健康的理念。

爬楼梯、俯卧撑、仰卧起坐是和日常生活结合得比较好的运动，也是最平民化的运动，这些运动不属于户外运动，你无须考虑天气的变化，任何时候想做就做。平民化的运动关注的是运动本身，而不是背后彰显的财富、地位的比拼，所以它离健康更近，不仅有利于强身健体，还能净化心灵，让你的精神追求和审美意趣提升到一个更高的层次，所以它们才成为了极简主义者大力提倡的运动方式。

低碳出行不只是一句响亮的口号

朱利安生活在交通拥堵的大都市，经常为塞车所苦，他真希望能有一个让自己健步如飞的代步工具，以取代笨重的私家车。可是一直没有找到。他在网上看到了各种各样新式的交通工具，有的看起来像滑板，有的只有一个简单的轮子，有的靠人力驱动，有的靠电力驱动，它们造型奇特，小巧便捷，深受广大年轻人喜爱。有几次，朱利安亲眼看到一些年轻人驾驭着那些新式的交通工具风驰电掣地从自己眼前呼啸而过，看起来非常酷。

朱利安也想过购买一款机动灵活又环保节能的交通工具，可是现年35岁的他，体重已增加到了180磅，那些迷你型的代步工具恐怕不能承载他的重量。有一天他跟朋友谈起了这件事，朋友说："你想找一款方便出行又能承受住你体重的交通工具，这有什么难的，我向你推荐一款，一定可行。"朱利安摆出了洗耳恭听的姿势。朋友故弄玄虚之后，说出了一个非常简单的答案："自行车。"

"自行车？"朱利安喃喃地重复道，似乎觉得有点不可思议。"是的，就是自行车，它可以让你出行更顺畅，还能帮助你减肥，而且低碳环保，符合哥本哈根协议的理念，你觉得怎么样？"朋友说。朱利安被说服了："你说的也有几分道理，明天我可以尝试着骑自行车上下班。"

生活在大都市中的市民，普遍被交通拥堵、雾霾和噪声污染所苦，出行因此变成了一件极其不愉快的事。很多人奋斗多年，终于有了一辆有型有款的私家车，以为从此就可以在马路上快意驰骋，彻底告别挤公交、挤地铁的紧张生活了。可有了车以后，才发现出行并不像自己想象得那么惬意，堵车几乎成了家常便饭，车位紧缺是常有的现象，污浊的空气、漫天的雾霾制造出了科幻大片里才有的效果，异常可怖，刺耳的轰鸣声、尖锐的喇叭声吵得人无比心烦，一批又一批的人患上了"路怒症"，越来越多的人会因为一点小小的摩擦而恶言相向，甚至大动干戈。

在环境污染空前严重的社会背景下，人们越来越重视环保，各种鼓励低碳经济、绿色出行的口号应运而生，其中名人的口号最响亮也最有号召力，即便他们始终舍不得放弃私人飞机，言行总是不一致。极简主义者也顺应时代的潮流发起了低碳出行的号召，不过他们历来身体力行，行动永远都比口号漂亮。

极简理念认为人们应该放下虚荣心和对物质的依恋，选择健康、环保、低能耗的出行方式，为净化我们的城市环境尽一份绵薄之力。那么这一理念该如何落到实处呢？首先我们需要弄清绿色出行的基本方式，

没有了垃圾邮件的骚扰，他的工作效率提高了不少，心情也一天比一天好。

电子邮件可以为人们的生活和工作提供极大的便利，一封简单的邮件涵盖的信息足以解决你跟他人沟通的大部分问题。可是当你的邮箱塞进了无数封垃圾邮件，那么你查看和阅览邮件的心情就没法像以前那么愉快了。垃圾邮件是互联网的副产品，而今它已经像超级病毒一样泛滥成灾，让你防不胜防。有时候你刚刚动手删除了一封垃圾邮件，另一封又来了，它们总能让你应接不暇。

看到垃圾邮件，所有人都恨不得对其除之而后快，那么这场"斩草除根"的行动该怎样展开呢？其方法如下：

1. 将不熟悉的发件人批量剔去，然后删除

首先要列出经常联络的发件人的名字、邮箱名称，将相关信息逐一备份，这样就能识别哪些邮件是陌生发件人发来的，发送垃圾邮件的幕后黑手就很难找到可乘之机了。

2. 利用邮箱中设置的某些功能对付垃圾邮件

当系统提醒你有一封新邮件之后，你发现发件人正是经常给你发垃圾邮件的那个人，可以从邮件页面上点击"拒收"选项，一会儿电脑将自动弹出"拒收确认"的对话框，选择"拒收"，以后你就不会收到同一个人制造的垃圾邮件了。

你还可以通过邮箱的"反垃圾"设置对付垃圾邮件。首先点击邮件页面左上角的"设置"选项，然后在"邮箱设置"下栏中选择"反垃圾"选项，你可以在"黑名单"的选项中，把垃圾电子邮件的地址加入黑名单，也可以把它的域名拖入黑名单。

此外邮箱的收信规则功能也能帮助你很好地屏蔽垃圾邮件。其操作步骤为：先点击"设置"选项，在"邮箱设置"下栏选择"收信规则"，点击"创建收信规则"，在"邮件到达时"相关选项中将垃圾邮件的发

件人或发件域名添加上去，选择"直接删除"，再点击下方的"立即创建"即可。这样烦人的垃圾邮件一旦发送过来即会被直接删除，以后就不会再干扰你的正常生活和工作了。

3. 谨慎公布自己的邮件地址，定期对邮件进行分类处理

登陆社交网站、微博时要正确设置隐私设置，保护好自身隐私资料的安全。看到有关中奖、发票、美女、金钱等诈骗性质的邮件，一定要提高警惕，千万不能一时的贪心而让骗子有可乘之机。养成定期对邮件进行归类的好习惯，将已读内容做好标记，把垃圾邮件备注到本子上，对发件人或域名逐一处理，尽力遏制垃圾邮件的蔓延。

第六章 精简社交，让友谊更纯粹

朋友是越多越好吗？社交活动越频繁越好吗？当然不是这样。在现实生活中，很多社交活动是不必要的，很多应酬是可以推掉的，陪自己不熟悉不喜欢的人吃饭、谈笑，纯属浪费时间。友谊的字典里从来不会出现『应酬』两个字，需要你讨好、应酬的人，只能成为你的生意伙伴，永远不能成为你真正的朋友。

朋友之间是很纯粹很简单的，彼此之间没有复杂的利益纠葛，没有强颜欢笑和逢场作戏的场面，也不需要靠任何手段来维系，只需一个真诚的眼神、简简单单几句话语，就能互相懂得，这种默契是自然而然产生的，没有半点掺假。

一个人无论多么擅长社交，知己好友仅三五个，其他的不过都是泛泛之交，正因为知己好友数量极少，真挚的友谊才显得弥足珍贵。无论你的社交圈子有多广，都不要忘记了要多花些时间维系和修护友谊，尽可能地做到社交极简，不要把感情浪费在错误的人身上。

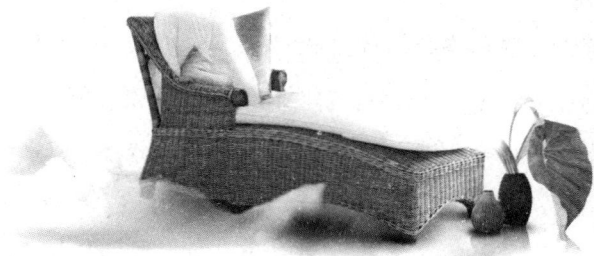

把冷漠自私的人从好友名单中剔除

海伦娜从小就被告知要多交一些朋友，理由是在当今社会，人际关系比能力更重要，一个能力中上的人，如有一大堆朋友扶持，就能获得成功；而一个能力出众的人，没有朋友，无论做什么都孤军奋战，就什么事情都做不成。海伦娜把这一理论当成了金科玉律，因此把大部分时间都花在了社交上。

海伦娜觉得朋友越多越好，所以在交友方面，也没有什么标准和原则，只要能聊上几句话的人都被她发展成了朋友。她曾交过一个叫艾丽莎的朋友，没过多久就陷入了崩溃状态。艾丽莎是个喋喋不休的话唠，无论大事小事都会对海伦娜唠叨个不停，却没有耐心听海伦娜讲一句话。她无论遇到什么事都会请海伦娜帮忙，事后连一声谢谢都不说。在海伦娜需要帮助的时候，她却总是躲得远远的。更可恶的是在不假思索地拒绝了海伦娜之后，自己遇到事情时还会像往常一样请海伦娜帮忙，而且还要求忙得焦头烂额的海伦娜暂停手中的工作，专门请假冒着倾盆大雨为自己办一件小小的私事。

海伦娜答应了艾丽莎大部分要求，几乎对她有求必应，但这一次拒绝了。没想到艾丽莎居然理直气壮地朝海伦娜大发脾气，责怪海伦娜自私。面对这样的朋友海伦娜实在无语了，她果断地断绝了与艾丽莎的联系，从此生活清净了许多。她再也不用听没完没了的唠叨了，也再不用为一个冷漠的人忙前忙后、跑上跑下了，生活突然变得美好起来。

人们常说："多个朋友多条路，朋友多了路好走。"但事实果真如此吗？其实未必。真心朋友多了当然道路宽广，在友谊的支持下，你确实有可能处处坦途。可假朋友多了，你脚下的路不但不会变得更顺畅，反而会时常遇到磕磕绊绊。在现实生活中，朋友分三类：第一类是能与你肝胆相照、同甘共苦、休戚与共的真朋友。第二类是普通朋友，双方不过是"君子之交淡如水"，谁都不会为谁浪费情感和资源。第三类是冷漠自私的假朋友，只想把你当成向上攀爬的云梯，无限度地向你索取，却不愿付出一丁点真情，一旦你有需要立即扭头便走，还没完没了地给你添乱添堵。

极简主义者是怎么对待第三类朋友的呢？当然是把他们直接拖进"老死不相往来"的黑名单，不假思索地将其从好友名单中删除。讲究极简的人，在交朋友方面，自然也十分精简，根本不会把算不上朋友的人当成朋友。大部分人认为无论如何多储备一些朋友终归是好的，因为未来的某一天自己遇到危难时，"多个朋友多条路"这句民谚终归还是会应验的。孟尝君养了三千名食客不是白养的，连其中的鸡鸣狗盗之徒在关键时刻都能救自己性命。这种观点有一定道理，但前提是你交的朋友真心把你当朋友，而不是把你当成用完就扔在一旁的道具。

如果你交的某个或某些朋友只把自己当成核心，几乎看不到你的存在，只在需要帮忙的时候才会想到你，在耗用了你大量的时间和资源后马上扬长而去，懒得再回头看你一眼，这样的朋友是不值得交的。因为这样的社交完完全全属于无效社交，在这种社交上浪费精力和情感，是对自己最大的不公。

有一种人总把别人的东西当成自己的，自己的东西还是自己的，平时习惯了向别人索取，有求于人的时候显得分外殷勤，但是别人请他（她）帮忙的时候却往往非常抵触，生怕自己吃一点亏，小算盘打得非常精，总让别人无偿地"助人为乐"，自己却像铁公鸡一样一毛不拔，跟这样的人交往，即使你被训练成了"活雷锋"，也换不来半点真心。最明智的做法莫过于挥挥手说再见，不，实际上说后会无期才更妥当。

倘若你们后会有期，你的麻烦还没有终结。

交友是需要筛选的，朋友并非越多越好，不要期望把天下人都发展成朋友，因为如果你真和每个人都成了朋友，脚下的路非但不会变得更平坦，反而会变得愈发坎坷和崎岖。过度社交，结交了不该结交的人，会让人感觉心很累。虽然作为朋友，我们必须乐于为他人付出，不能总是斤斤计较，也不能总想着别人能给自己带来等价的回报，但是对于那些没完没了地向我们索取，给我们的生活和工作带来了很多的苦恼和困扰，却在我们急需帮助时冷眼旁观、无动于衷的人，我们还有必要继续在他们身上浪费时间吗？

人与人之间的和谐关系是建立在相互尊重、相互理解、相互帮助、相互扶持的基础上的，任何一方若是违背了这一原则，友谊的天平必将失去平衡。我们之所以要把过于自私的人拉进黑名单，不是因为我们缺乏包容心，不能容忍人性的弱点，而是因为人的时间和精力有限，我们应该适度精简社交，把宝贵的时间和情感投放到值得我们关注且关爱我们的人身上，而不是对我们嗤之以鼻、漠不关心的人身上。

工作环境简单，人际关系就简单

马克是一个普通的办公室白领，工作不是很忙，随着业务越来越熟练，他做事越来越得心应手，老板已经承诺给他加薪了。可是就在他即将迈出职业生涯的关键一步，多领一点绩效奖金时，他却毅然选择了辞职，所有的同事都大惑不解。他的好朋友也认为他这样做纯粹是犯傻。

马克不管别人怎么想，辞去职务之后，自己开起了一个小小的便利店，收入比以前减少了很多。朋友终于忍不住开口问："你为什么在工作有了起色以后要辞职呢？为什么就不能再坚持坚持呢？要知道再坚持几年，你有可能就成了部门主管了，那时薪水水涨船高，工资会是现在的无数倍。"

马克说："做出这样的决定我并不后悔。我厌倦了复杂的人际关系，不想每天察言观色看别人脸色行事，不想把时间浪费在无聊的社交上。现在我不用面对这些了，只需要为顾客服务就好了，人际关系简单多了，虽然赚的钱不是很多，但我觉得活得轻松多了，我真的很开心。希望你能为我感到高兴。"

"可是……可是……你真的知道自己失去了什么吗？"朋友着急地问。"失去了赚大钱的机会，仅此而已。"马克轻描淡写地说。"不止这些，你失去了更好的发展机会，失去了成功的机会，失去了实现自我的机会。"朋友说。"我可不这样认为，把便利店打理好，我一样能获得很好的发展，活得开心快乐就是最大的成功，过一种简单惬意的生活，自己开开心心，把好心情和好运带给每一个来到这里买东西的顾客，这就是一种自我实现啊。"

现代人工作累、压力大，身心疲惫，不是因为工作难度大，自己力不从心，而是因为职场人际关系太过复杂，上班族除了要辛辛苦苦把自己的本职工作做好以外，还要应酬、赔笑脸，琢磨着怎样在各种各样的明争暗斗中明哲保身，无论遇到什么情况，都得做到"喜怒不形于色"，受了委屈要默默承受，处处都要小心谨慎，这样活能不累吗？

有人曾做过这样的调查，题目为"影响你工作情绪的因素是什么"，选择"人际关系"的所占比例最高。这说明多数人都被恼人的人际关系所累，被动地卷进了自己讨厌的社交关系中。其实很多人心中都藏着一个极简的梦，希望工作关系简单点，职场环境简单点，自己活得简单点，但问题是身处错综复杂的环境中，想要实现这样的愿望简直比登陆火星还难。随着科技的进步，未来人类可以随意造访任何一个星球，科技取得跨越性发展是一件容易实现的事，但要让人性变得单纯，让利益关系错综复杂的职场环境变得像校园一样简单，恐怕是不可能的。

那么想要回归简单，简化社交，过上极简生活是否还有可能呢？其实还是有可能的。只要选择简单的工作环境，你就能抛开世事的复杂，过上相对简单的生活。比如老师、SOHO 一族（在家办公的自由职业者）、IT 之类的技术人员、个体经营者、作家、科研工作者、供职于博物馆或海洋馆等机构的工作人员，工作环境都比较简单，人际关系也比较单纯，选择这些职业，基本上可以让你过上简单宁静的生活。

也许你会说自己不适合做科学家或高级技术人员，其余工作大部分在收入方面都不如自己目前的职业，所以不想换环境也不想转行，但是却的的确确厌倦了职场争斗，这可怎么办呢？这就是你自己的问题了，正所谓鱼与熊掌不可兼得，你不可能既拥有简单纯粹的生活，在精神上无比自由无比快乐，又能获得无比丰厚的收入，你一定要弄清什么才是自己真正想要的，才能从此活得不纠结。总之概括起来就是一句话，学会舍弃，你才能真正拥有。

交友黄金定律：博爱不如专注

史蒂文有很多朋友，不过在应酬上花的时间却极少，因为他在交际方面秉承着一个非常简单的原则，那就是跟多数人都保持一种友好的关系，尽可能地把时间、精力和情感聚焦到少数人身上，只和要好的朋友深交。伊桑就不一样了，他对每一位朋友都是一样的，投入也是等量的，所以耗费了大量时间参加各种各样的派对，但收获却十分有限。伊桑一旦听说朋友当中有人举办派对、宴会了，立即穿上礼服前去参加，在社交圈中，他几乎成了最活跃的人物。然而真正把他当朋友的人却屈指可数。

史蒂文有好多可以交谈的朋友，但交心的朋友是有限的，他的挚友虽数量不多，但每一个都是可以跟自己推心置腹的。伊桑则不然，他似乎跟每个人都很谈得来，每个人对他也似乎都挺热情，但是大家只是把他当成了普通朋友，少有人愿意跟他深入交往。原因很简单，他的朋友太广泛，而他本人又本着平均主义的原则，在每个人身上都投入不多，谁都感觉不到自己受重视，所以当然也不愿意为他付出太多了。

有的人认为交际圈越大越好，人越博爱越受欢迎，对待每个人都一视同仁，对待朋友绝不可厚此薄彼，如此才能跟多数人形成一种融洽和谐的关系。然而事实并非如此。我们都知道一个简单的光学现象：放大镜将阳光聚焦到一个小点上，能让纸张燃烧，感情也是如此，你只有懂得聚焦原理，才能让别人感知到你的热度，对所有人都同一个温度，就好比把太阳光分散到白纸表面的无数个点上，在这种情况下，没有人能觉察出你内心的火热，也没有人有能力甄辨自己是不是你的贴心好友。如此一来，想跟你深交的人也就寥寥无几了。

张爱玲在年少时曾经对一位闺密级的好友说过这样一句感人的话："除了母亲，我只有你。"谁听了这样的话能不感动呢？任何人都怀有这样的心理：希望自己被格外看重，希望自己的分量在好友心目中更重一些，谁都不希望自己成为朋友生命里的一般性过客。假如你的交际圈很大，你本人又比较偏好搞平均主义，那么你的付出自然就被无限稀释了，别人看不到你的付出完全属于人之常情。

《红楼梦》中有这样一个经典桥段：周瑞家的受薛姨妈委托给林黛玉送宫花，林黛玉见了问这花是小姐们都有，还是自己独有。当得知迎春、惜春、探春早在自己之前就得到了宫花后，立刻不高兴了，冷笑着说了一句刻薄话："我就知道，别人不剩下的也不给我。"完全不肯领受别人的一番美意。也许你会说林黛玉太小心眼儿，别人有了宫花，自己又没落下，何苦生这等闲气？

能说出这样的话，说明你还不是太了解人际交往的法则。不信你大可以做个实验。把一串手链或者其他什么特别的礼物送给一位朋友，对他（她）说一番感人肺腑的话，然后给朋友圈里的每个人都发放同样的礼物，让他们在聚会上戴着同样的手链或其他特别的饰物出席，仔细观察一下大家的反应，是不是每个人都感到不自在？原因何在？参照林黛玉说过的话。如果你的好友认为他（她）和你交往的其他泛泛之交是同等分量的，那么对方是不会真心把你当成最要好的朋友的。这说明在与人交往时，不能太博爱，你必须让某个人或某几个人感觉到自身非常特别，被你格外看重，如此你才能被格外看重。

交际太广有时候未必是一件好事，社交活动太频繁有时候也未必是件好事，你能否收获深厚的友谊，不在于你是不是一个善于广泛播种的人，而在于在友情方面你是否擅长深耕细作，让别人能感知到你的诚意和真心。在社交方面，还是极简一些好，别总想着无限扩大交际圈子，也别总想着让所有人都把自己当朋友，因为当所有人都说你是他们的朋友时，你可能真的没了朋友，只剩下了泛泛之交。

跟不喜欢的人在一起，是一种精神自虐

碧翠丝几乎把所有的时间都花在了社交上，在公司里，她把大部分精力都投放到了经营人际关系上，每天都在揣摩如何跟老板、上司和同事打交道，至于本职工作就没那么上心了，所以她一直没有什么突出的表现，也没有受到额外的重视。大家虽然对她的态度都很不错，但那只

是基于最起码的礼貌而已，没人太把她当回事。

私下里，碧翠丝更是费尽了心思拓展社交，她几乎把所有的业余时间都花在了参加各种派对上，只要能聊上几句，她就会把自己的电话号码透露给对方，随后尽可能地跟对方保持联系，隔三岔五就要聚一下，虽然朋友圈里有些人她并不那么熟悉，感觉上跟对方也并不是那么投缘，但是她依旧竭力假装热情，生怕失去了一次交朋友的机会。

大多数人都拥有正常的假期，但碧翠丝没有。因为放假的时候，她像上班一样，每天忙着赶赴各种约会和应酬。她太忙了，一点私人时间都没留给自己，全都奉献给了朋友们。可是社交根本就没有给她带来真正的快乐，不知为什么，她变得越来越抑郁，不想上班，不想见人，什么都不想做了，甚至想花钱报名移民火星，到外太空静一静。这着实让她感到困惑，因为人们都说社交能让人获得无穷的快乐，她几乎把所有的时间都让渡给了社交，但为什么反而感觉越来越不快乐了呢？

在生活中我们常被告知要多参加集体活动，要尽可能地多认识一些人，要有意识地增强自己跟别人的交流和互动，任何时候都不能让自己成为一座孤岛，这样我们就不会感觉孤独，就能感觉更快乐了。但事实又如何呢？事实是当我们把所有的时间都给了别人，没完没了地被动接受别人的安排，就只能在别人快乐的同时，自己暗自惆怅了。研究发现，社交过于频繁的人，不但不会过得更开心，对生活的满意度反而比其他人要低很多。究其原因，主要在于他们没有时间好好经营自己的生活，注意力全在别人身上，根本就抽不出空来弄清自己想要什么以及该如何让自己过得更快乐。

有些人认为独自一个人行动，显得孤僻、不合群，所以无论做任何事情都要跟别人黏在一起，无论是吃饭、健身、逛街、散步，还是登山、旅游，都必须找个伙伴，除了睡觉以外，其余时间分分秒秒都在社交，至于各种聚会更是一次也不肯落下，倘若自己的好朋友因为有事不能陪伴自己，那就随便找个人代替，总之只要不让自己落单，跟什么人在一起、跟多少人在一起都无所谓。

这种想法其实是非常违反常识的。因为时间是遵从相对论理论的，客观时间会因为你的主观感受而被缩短或延长。你感觉心情愉快的时候，时间过得相对缓慢，比如你正在享受一段美妙的时光，根本感觉不到时间的流逝，数小时过去了，却仿佛只过去了短短几秒钟；但是你感觉非常煎熬非常痛苦的时候，那么必定觉得度日如年，比如你在盛夏时节坐在火炉旁，那种感受用度日如年来形容都是不确切的，因为一秒钟就仿佛一个世纪那么漫长。

跟喜欢的人在一起，时间总是过得非常缓慢，因为每一秒钟都是那么美好。可跟自己不喜欢的人在一起，时间总是显得格外漫长，你们似乎被捆绑在了无限加长的时间线上，总也等不到互相说再见的那一刻，这着实让人绝望啊。你真的希望自己宝贵的私人时间就以这种形式度过吗？当记者问美国家喻户晓的著名主持人拉里·金："你认为什么事情最浪费时间？"拉里·金说："无聊的午餐……跟不喜欢的人在一起。"的确，跟不喜欢的人在一起共进午餐，非常浪费时间，而且是一段非常不愉快的经历。

极简主义告诉我们，与其跟不喜欢的人在一起消磨时光，不如自己独处，短暂地扮演一下孤岛的角色并不会让你失去太多，和一个或一群跟自己相处不来的人共度时光，才是一种真正的折磨。你是否有过这样的经历：对方有一搭没一搭地跟你聊天，内容全都无聊至极，你分分秒秒都感到烦躁无比，恨不能马上起身离场，可是碍于情面，不好意思做出失礼的举动，只能硬着头皮听对方把话说完，整个过程比被强拉去听一场冗长乏味、糟糕透顶的演讲还要难受。

上述现象也比较符合相对论的理论，喜欢的人无论说什么都能让你感到如沐春风，而不喜欢的人无论说什么，分分秒秒给你的感受都是相同的，那便是如坐针毡。社会上曾经流行过一种理论，那就是把不顺眼的人看顺眼，要让自己喜欢上不喜欢的人，这样做你就能把所有的人变成朋友，以后无论走到哪里都能混得如鱼得水。你大可以身体力行地践行这一理论，不过过不了多久，你就会感到非常郁闷。

人和人的交往是要讲究缘分的，磁场不合的人勉强在一起，彼此都无法体验到那种发自内心的愉快感觉，这种社交还存在什么意义呢？如果没有意义，为何不能削减掉呢？也许你会说，有时候好友抽不开身不能陪你，能有人陪伴一下孤单的自己已经很好了，自己哪还有挑剔的权利呢？可事实上，这种陪伴比你忍受孤独还要难受数倍，孤独并不是那么可怕的事，短暂地抛开别人的打扰，安安静静地做几件自己喜欢的事，或是认认真真地思考一下生活和人生，真的不算是一件太坏的事。

宁可少交朋友，不能错交朋友

迈克尔是一个非常喜欢交朋友的人，与别人不同的是，他有很大的包容性，跟不同秉性、不同价值观念的人也能成为朋友。他几乎能从每一个人身上看到闪光点，即便是被评价得一无是处的人也不例外。他竭力摒除对任何人的偏见，把每一个交往的对象都当成老师，虚心地向他们学习，以为这样就可以把别人的优点全都变成自己的。可实际上，他在学习别人优点的同时，也把别人的缺点和毛病学去了，甚至不知不觉地染上了不少恶习。

迈克尔有一个朋友叫托尼，性格粗鲁，行为恶劣，还有严重的酒瘾，经常在酒吧里闹事，几乎把进警察局当成了家常便饭。除了迈克尔之外，托尼几乎没有什么朋友，因为别人忍受不了他的臭脾气和糟糕的人品。迈克尔在像托尼这样的人身上，居然也发现了不少值得学习的优点。他固执地认为托尼性格豪爽、不拘小节，很有男子汉气概，所以不顾别人劝阻，执意要跟托尼做朋友。

两个人在一起的时候常常酗酒，还时不时地飙脏话。渐渐地，迈克尔染上了酒瘾，经常喝得酩酊大醉。他的言语里出现了很多粗俗的脏字。不知为什么，他的情绪越来越不受控制，跟别人发生口角时，他总想把酒瓶掷过去，起初这只是一个想法而已，没想到后来居然转化成了现实。

有一次迈克尔在酒吧里喝酒，和另外一名客人起了争执，两人争吵了几句。那人本来已经偃旗息鼓不打算继续同他舌战了，孰料迈克尔居然把对方的退让当成了挑衅，认为那种讲求风度的做法把自己衬托得很是不堪，于是恼羞成怒，抓起酒瓶便朝对方脑门上扔去。结果对方进了医院，迈克尔进了监狱。

关于交友，早在春秋战国时期，被称为亚圣的孟子就说过一句发人深省的话："近朱者赤近墨者黑"深刻地指出了朋友对于自身的影响。战国末期的大学问家大思想家荀子也提出了类似的看法，他说："蓬生麻中，不扶且直；白沙在涅，与之俱黑。"进一步点明了交友要慎重，并从生活中的实例出发，说明了良好环境的熏陶、良师益友的帮助，对于个人的成长和成才有着多么重要的影响。

人之所以走错路走弯路，很大程度上是因为把大批不良朋友误当作良师益友，天真地扩大了良师益友的范围，结果被带入了歧途。现实告诉我们，在择友方面最好遵循极简的原则，对待益友可"亲而敬之"，对待不良朋友一定要"避而远之"，宁可少交朋友，也不能错交朋友，必要时宁缺毋滥。有人或许会说，多交些朋友是为了多学些有用的东西，每个人身上都有值得学习的东西，交际范围太窄怎么能学到东西呢？孔圣人不是说"三人行必有我师焉"吗？以更多的人为师，自己不是会进步更快吗？且不要忙着妄下结论，"三人行必有我师焉"后面还有一句"择其善者而从之，其不善者而改之"。

其实真正做到这一点是很难的，假如遇到一个不善的人，你在学习他的优点时，不知不觉把他恶劣的品行也学去了，恐怕唯有圣人才能做到"择其善者而从之，其不善者而改之"。以不善之人为师为友，品行不但没有受到污染，心灵反而得到了净化，对于你我这样的普通人，这种事情几乎是不可能发生的。

诚然，每个人身上都有闪光点，世上不存在真正一无是处之人，但这并不意味着你应该同每个人发展成亦师亦友的关系。那么究竟该怎么选择良师益友才妥当呢？首先你要弄清楚选择的范围和标准。在现实生活中，很多人倾向于把见识广、阅历多的人当成良师益友，这是很有问题的。向见识广、阅历多的人学习，固然能在短时间内学到不少东西，但是这类人当中有不少人老于世故，为人不诚实，处事圆滑，同他们相处久了，你也会变得世故、庸俗和伪善。那么什么样的人才值得学习呢？那便是知世故而不世故的人。有着丰富的人生阅历，但内心深处仍有一股清流，身上依然保留着人性的纯真，这样的人才能成为你的好老师和好朋友。

有些人喜欢以长者为师，认为别人吃的盐比自己走的路还多，拜他们为师有何不妥呢？提起长者，不少人立即会产生一种肃然起敬的感觉，因为我国是一个尊老敬老的国度，尊老敬老是没有任何问题的，但是以长者为师为友的事情还是需要再斟酌的。虽然年龄比你大很多的人，生活经验和社会经验都比你丰富，在他们身上你确实能学到一些有用的东西，但是年龄大的人并非个个都具有高风亮节，选择良师益友时，你不能只以年龄为参照标准，而应该更多地考虑一个人的品德和风范。

结交一些忘年之交是没有任何问题的，前提是对方确实是品行美好的人。总之一句话，选择良师益友，不能只看对方能教给你什么，还要考虑对方将会给你的品格造成什么样的影响。真正的良师益友在传授给你本领的同时，将把你锻造成一个更加美好的人；而虚假的良师益友在教给你某些有用的本领时，将把你变成一个不讲原则不讲道德，甚至没有底线的人，所以你一定要加以警惕。

对别人最大的尊重是不打扰

米娅是一个严重依赖朋友的人，一天不约朋友出去玩或是一块吃饭，就感觉心里空荡荡的。有时朋友太忙，没时间陪她，她便会频繁地给对方打电话，煲起电话粥来没完没了，经常到了晚上十点还絮絮叨叨、意犹未尽。朋友倦了累了，时常催她早点睡，并再三强调明天得早起，还要赶去上班。她却一点都不理解对方，总是嘟起小嘴说："这才几点啊？这么早我根本就睡不着，你再陪我聊会儿天不行吗？"

米娅心情好的时候总是打扰朋友，从不考虑是否给他人带来了不便，心情不好的时候更是不会考虑朋友的感受。有一段时间，米娅因为失恋心情非常沮丧，她首先想到的是到外地散心。她想要飞去疗伤的C城恰巧有一个朋友，在没有通知对方的情况下，她便贸然闯进了对方家里。当时朋友正发着高烧，在家里休病假，对于米娅的不期而至感到非常困惑。

米娅却不理会这些，先是唠唠叨叨地哭诉，抱怨男友怎么不知道珍惜她，自己有眼无珠，居然找了一个既不温柔也不体贴的男人，然后强拉着朋友陪自己逛街购物，嘴里还振振有词："你要打起精神来，陪我把这张卡消费掉，我远道而来，你可不能让我一个人在一个陌生的城市里乱闯。拜托，别那么无精打采了好不好？多逛几家商场，你的精神状态就好了。"

朋友苦笑道："我现在真的感觉很不舒服，不如我找个熟人带你去买东西吧。"米娅的脸马上拉长了："对你来说是熟人，对我来说就是陌生人。我才不要陌生人来陪。"说完一扭头就走了，立即买票坐飞机飞回了家乡，事后还经常拿这件事数落朋友，多次向别人抱怨自己受到了怠慢。

很多人对待陌生人都是客客气气的，但对待朋友则非常随意，这是因为人们普遍想当然地认为既然彼此关系已经那么好了，交情又那么深厚，还有什么好顾虑的呢？于是总是频繁打扰朋友。没有睡意，就要求朋友陪自己午夜煲电话粥；感到孤独，便希望朋友时时刻刻陪伴在侧；心情不好，无论对方是在忙工作还是在生病，都强求对方马上凑上前来安慰自己。殊不知，朋友都不是卫星，而你也不是地球，他们不可能分分秒秒都围绕着你转动，每个人都有自己的生活，谁也没有义务牺牲个人私生活来为你服务。

在与人交往时，还是极简一些，克制一些为好，频繁地叨扰会给别人带来麻烦和负担，一个善解人意的人通常都不会这么做的。有的人认为与人交往，联系必须足够频繁，因为这样才算得上是往来密切。事实不是这样。往来的频次和友谊的深度并非完全成正比，有时候很有可能会成反比。总是不理会别人的生活节奏，动辄打破对方的生活平衡，势必会讨人厌嫌。

人与人之间是有疆界的，两个人关系再密切，都不可能真正做到亲密无间。你是一个独立的个体，别人也一样，你们不可能变成共享同一具躯体的连体人，所以请尊重他人的生活习惯和私人空间，不要随随便便入侵别人的疆界，不要一次又一次地打乱别人的生活。偶尔打搅朋友，朋友也许并不介意，也许他（她）也感到很无聊，非常愿意陪你度过一段充实的时光，可是频繁的打扰就不一样了，对方虽然没有明显表露出不快，心里却非常生气，很有可能因为这个原因从此冷落了你。

有的人觉得精神空虚、生活无聊，一个人独处的时候心里就发慌，总想着让朋友放下一切来陪伴自己。朋友有事不能赶过来与自己相聚，自己就化身为不速之客，给朋友一个大大的意外和"惊喜"。不知你是否想过，朋友其实并不欢迎你的到来，他（她）无暇迎接硬闯进来的"贵客"，或者刚好有什么烦心事，只想一个人安安静静地待上一天。相聚是要分场合分时间的，而且要看朋友的意愿。你只考虑自己的感受和需要，完全不在乎别人的感受，当然会成为讨人厌的角色。

朋友可以为你提供一副宽厚温暖的肩膀，在你难过失落的时候供你依靠，但是这并不意味着你要时刻依赖朋友，过度的依赖、无休止的打扰，将成为朋友不堪承受的重负。再要好的朋友往来也要适度，频次太密集终归是不合适的。在你多次给朋友的生活带来麻烦和不便，惹得对方不高兴时，不要指责对方。别人没有义务一次又一次地接受你的无理取闹，每个人都有自己的心理底线，不要因为两人有多年交情就去触碰这条底线。造访朋友之前，最好事先约好，在对方时间充裕的情况下小聚一番，不要给对方频繁制造意外的"惊喜"，免得两个人都不愉快。

嘴上功夫厉害，不如把对方放在心上

尼克不擅辞令，每次和别人说话都非常紧张，生怕对方看穿自己。最近他交了几个朋友，见面时他总是说个不停，一会儿说双关语，一会儿讲笑话，半个小时的时间里一直都在自说自话，几乎没留给对方一点插嘴的时间，搞得对方莫名其妙。有一天他约一位朋友到咖啡馆闲聊，照例东拉西扯讲个不停，大约过了 20 分钟以后，他绞尽脑汁也想不出什么新鲜的内容了，这才得以喘口气休息。

朋友见他不讲话了，便很直接地问："你是不是很紧张啊？不然为什么一直强迫自己说个不停呢？"尼克擦了擦额头上的汗珠，不好意思地说："我不太擅长和别人交流，以前别人嫌我沉闷，都不爱跟我交朋友。我多说话是想让气氛变得活跃一点。"朋友安慰他说："你不用太紧张，我们可以随便聊聊，没话说的时候沉默一会儿也无所谓。"尼克的心情这才放松下来，两个人很自然地交流了起来，相处得非常愉快。

朋友发现尼克虽然并不健谈，但待人非常真诚，所以觉得他非常可交。随着两人进一步交往，朋友在尼克身上发现了很多优点，越来越欣赏他，两个人因此建立了牢固的友谊。

志趣相投的朋友，无须说太多，只言片语即可点明心意，两人之间永远存在着一种"心有灵犀一点通"的默契，需要你讲个不停才不尴尬的朋友，一定不是你最投缘的朋友，而是你为了应酬不得不交往的对象。真正的友情是不需要太多语言的，一个暖心的微笑，一个真诚的眼神，即可传达出万千的情谊。朋友之间最重要的是那种心照不宣的感觉，而不是喧闹的聒噪。心灵之间的交流是任何语言都比拟不了的，彼此懂得，彼此珍视，友谊才能地久天长。

话痨型的人未必能交到多少真心朋友，因为他（她）只不过是擅长嘴上功夫而已，却未必懂得别人的心思。喜欢自说自话的人，往往听不到别人的声音，无形中便失去了了解别人的机会。对他人缺乏最基本的了解，还怎么赢得对方的真心呢？所以说在与人交流的过程中，表达简练是至关重要的。讲话不能太啰嗦，也不能热衷于唱独角戏，而要注意跟别人之间的情感交流和互动。沟通是双向的，不是单口相声表演，不要刻意卖弄口才，也不要伪装，以最自然的状态与他人交流。无话可说时把话语权交给对方，学会倾听，学会沉默，做一个最好的听众，过不了多久，你就能成为别人最信赖的朋友，因为对方有什么心里话只愿讲给你听而不是讲给其他人听。

在人们的固有印象中，八面玲珑、妙语连珠的人似乎最受欢迎，而话少的人总是被认为不合群、装高冷和不可接近。比如嘴甜的女性一见到同性朋友就热情如火地喊"亲爱的"，接着就会滔滔不绝地讲述各种新鲜趣闻，经常逗得别人捧腹大笑；平时左右逢源的男性管所有的同性朋友都叫"兄弟"，讲起有关兄弟义气的话题总是长篇大论、慷慨激昂，似乎听众都被感染和打动了。而沉默寡言的人，即使脾气再好，秉性再好，也得不到别人的关注。

其实一切都是表象，语言只是双方相互了解的第一个窗口，随着交往的加深，别人会通过其他的途径进一步了解你和评判你。事实上，没有人真心喜欢油腔滑调的人，人们围住一个人聚精会神地听一些匪夷所思的笑料和段子，只是因为无聊而已，不是因为心生膜拜。你说过什么并不重要，重要的是你做过什么。嘴上功夫再厉害，都不如把对方放在心上，你只有把对方放在心上，对方才能把你放在心上。

与人交往，一言不发是不合适的，但是滔滔不绝、口若悬河地讲个不停也是不适宜的，因为喜欢夸夸其谈的人总是让人感觉不可靠。朋友之间不能太过虚伪，有什么话精简表达就可以了，没有必要添油加醋，加长篇幅。你若是真心把一个人当作朋友，就应该在他（她）成功的时候祝福他（她），在他（她）悲伤的时候关怀鼓励他（她），在他（她）犯错的时候，给予其批评指正，而不是没完没了地要宝和说废话。

你说过的话能否打动对方，关键在于态度是否情真意切，而不在于你掌握了多少社交技巧，拥有多少词汇量。真正的朋友是不需要寒暄的，谈话时通常开门见山、直奔主题。客套和大堆的修饰语是陌生人之间交流的方式，两个人如果拥有真正默契的友情，即使扔掉一切社交技巧，即使见面时只有寥寥数语，即使偶尔相顾无言，也不会觉得冷场和不舒服。所谓的相谈甚欢，不过是两个说话投机的人初见时的样子，两个老朋友见了面，不见得一定会促膝长谈，但相互之间的感觉一定是"相看两不厌"，这足以说明有时候语言是苍白无力的，而真心和真情却永远不会随着岁月的流逝而改变。

朋友贵在真诚相惜，而不是相互利用

威尔逊认为朋友之间就是用来互相利用的，因此他在交友方面，具有直接的目的性，平时只结交有身份有地位有利用价值的朋友，对于工薪阶层的人向来不屑一顾。他以商人的眼光打量着每一个人，每天想着怎么把朋友变成有价值的资源，根本就没有心思经营感情。经过几年努力，他把几个朋友发展成了自己的顾客，每隔一段时间都会劝说他们购买产品，要求他们帮自己刷一下业绩。如果有哪个朋友事业滑坡、生意破产了，不能再继续为他提供帮助了，他会果断地与其断绝联系，并且会非常冷酷地说："我觉得我们之间没有继续交往的必要了，以后你帮不到我，我也帮不到你，何必再浪费彼此的时间呢？"

一旦朋友落难，威尔逊就会露出本来的面目，只有事业如日中天才能受到他的追捧。久而久之，朋友们全都发现他是一个非常市侩的人，都不打算真心和他交往了。以后他再向大家提要求，几乎所有人都表现得分外冷漠，因为谁也不想继续被利用了。

生活中，常有人理直气壮地说："朋友本来就是用来相互利用的，朋友若是没有利用价值，还结交他（她）干什么？"似乎人与人之间的关系，只是赤裸裸的利益交换，不能互相利用，就没有交往的必要了。以这种心态结交朋友，永远也交不到真朋友，只能交到也想把你当成利用工具的表面朋友。俗话说："物以类聚，人以群分。"你如果是一个只重利益不重感情的人，那么你的朋友势必也都是同道中人，如此一来你就连一个好朋友都找不到了。这难道不是一种悲哀吗？

想要拥有真挚的友谊，必须舍弃贪心，断掉利用朋友达成个人目的的念头，改掉利欲熏心的毛病，真正做到断舍离。当然要做到这点并不容易，在这个越来越现实的社会环境中，人们也变得越来越现实，许多人进行社交的目的都是为了让自己飞黄腾达，人与人之间已然产生了信任危机，还有谁能相信一心讨好自己的朋友其实没有任何不纯粹的目的，两人交好仅仅是为了彼此的友谊呢？

有人在讲述择友的标准时，曾经毫不掩饰地说："我希望在我急需用钱的时候，朋友能慷慨解囊；在我的事业刚刚起步的时候，朋友能鼎力相助；在我有任何需要的时候，朋友即使远在千里之外，也能飞越大半个国家来帮我。"也就是说朋友不仅是自动提款机，还是能随叫随到，有能力把自己推向事业顶峰的贵人。以这样的标准寻找朋友怕是找不到，因为鲜有人愿意充当这类角色。

诚然，真正的好友确实能在你捉襟见肘的时候借钱给你，帮助你解一时的燃眉之急，也确实能在你的事业刚有起色的时候，给予你一定的指导和提携，但前提是，你真心把别人当成好朋友，不曾把彼此之间的友谊当成随时可转化成现金和利益的某种资源。你动机不纯时，别人同样动机不纯；你挖空心思利用别人时，别人也在挖空心思利用你；你付出真心时，别人也在付出真心。你怎样对待别人，别人就会怎样对待你，这几乎是一个放之四海而皆准的真理。

朋友是你的一面镜子，透过他们，你可以看到自己最真实的模样。不要总是慨叹人心叵测、世事复杂，而要首先反省一下自己交友的初衷。不要为了金钱和利益刻意结交某个人，因为有钱人都很精明，不会轻易被你利用。朋友是用来互相关心、互相帮助、互相扶持的，而不是用来互相算计、互相利用的。

也许你会说，在这个复杂的社会，即便我对朋友很真挚，他们也未必会真心待我，反而有可能认为我很傻。我对他们一片真心又有什么用呢？他们还不是会因为某时某刻的利益而抛弃我吗？别人利用我，我也利用别人，这样才算公平。千万不要这样想，在某些时候感情确实经不起利益的考验，朋友之间发生利益摩擦确实也有可能分道扬镳，但是你不能因此而不再相信人与人之间的友谊。

有一位哲人曾经说过："得不到友情的人将是终身可怜的孤独者；没有友情的社会，只是一片繁华的沙漠。"不要因为某个人或某些人曾经伤害了你，在你失意的时候自动消失了，就彻底否定了友谊的价值。其实那些人自动消失了并非是一件坏事，这是一个大浪淘沙的过程，留下来的才是你真正的朋友，拂袖离去的都是一些泛泛之交，你们的相识不过是一场误会，无须伤感，无须慨叹，不要愤慨，也不要因此而变得愤世嫉俗，而应该加倍珍惜值得你珍惜的人，同时要感激上苍，给了你一个千载难逢的机会，让你发现了弥足珍贵的友谊，一刹那间明白了谁是真朋友，谁是假朋友。

任何时候都应该对人性的光辉和美好怀有信心，同时竭力摒除自己的心机，以诚心来对待朋友，唯有如此，你才能以真心换来真心。

招待朋友，不要讲排场比阔气

安德鲁上午接到朋友电话，说是下午就要坐火车来拜访他，感觉时间太过仓促，不由得叹道："你怎么不提前几天通知我呀？好让我准备准备。"朋友笑道："我们之间还那么客气干什么？你什么都不用准备，我就是想看看你，晚上就坐火车回去，在你那吃顿便饭就可以了。"安德鲁听了这番话，立刻感觉如释重负了。

他想朋友说得对，两个人从小玩到大，彼此太了解了，根本就没有必要太客气，也没有必要铺张浪费。朋友喜欢吃什么，他再清楚不过了，还有必要到大酒店预定什么豪华晚宴吗？再说吃什么玩什么并不是重点，朋友此次前来，只是为了跟自己叙叙旧，不是为了吃喝玩乐，自己又何必那么紧张呢？刚接到电话时，他之所以想特别准备准备，无非是因为大学刚毕业，工作刚稳定下来，很想借着为朋友接风洗尘的机会，显示一下自身的经济实力，为自己博得颜面。

事实上，他非常清楚，朋友的月薪高出自己好几倍，他再怎么装阔绰，都不可能比朋友更阔绰，又何必死要面子呢？想到这里，他心情完全释然了。朋友到来时，两个人一起动手烤肉，边烤边畅谈从前的快乐往事，整个过程都非常愉快。天黑前，他亲自把朋友送上了火车，两人在暮色中依依惜别，仿佛又回到了美好的青葱岁月。

在朋友蓦然造访时，你是怎么接待的呢？首先想到的是让对方产生一种宾至如归的感觉，还是想要让对方从接待的规格上看到自己的财力呢？爱面子的人恐怕想到的只有后者。多少人为了充门面，不惜血本，但最初的目的却不是为了好好款待朋友，而是为了让自己显得更阔绰更大方。

如今讲究排场已经成为了一种社会病，人们不管自己实际的经济条件如何，也不管朋友的实际需要和感受，总是毫无顾忌地大把大把地花钱，仿佛在与一种看不见的力量较劲一般。这是非常不可取的，你消费的额度和朋友心里的舒适度未必是百分百成正比的。真正的朋友并不想看到你在日子过得非常不如意时，还为了他（她）一掷千金，而当你腰缠万贯时，对方同样不愿接受隆重的接待，原因很简单，他（她）会认为你在刻意炫耀，旨在引起他（她）嫉妒羡慕的情绪，借此彰显自身的优越感。也就是说你为面子花银子，给予对方最高的礼遇，对方不一定满意，还有可能心里很不痛快。

其实用一般规格招待朋友才是最恰当的款待，这至少可以说明你们之间没有掺杂多少功利心，任何时候都可以坦诚相待，不必刻意地去营造奢华气派的大场面，不必攀比谁现在过得更好，谁正值春风得意，彼此还能像从前一样无话不谈、把酒言欢。遥想在古代，文人墨客盛情款待好友，只需几杯松叶酒，几盘家常小菜便可以了，对方受到邀约，会欢欢喜喜地踏雪来访。原因何在呢？纯粹的友谊即是如此，随意自然，不受外界的奢靡之风影响。

而今，人们由于受到拜物风潮的影响，把原本简单的问题全部都复杂化了，以至于连为朋友接风洗尘这种稀松平常的事情，都变成了某种隆重的仪式，我们必须回归简单，才能让友谊变得更纯粹，才能让来访的朋友真正产生宾至如归的感觉。那么该怎样接待朋友才更妥当呢？

外地朋友来访，所要安排的事宜无非就是住宿、餐饮、游玩等几项，若是朋友带着礼物进门还要考虑如何回赠。作为东道主，一定要为远道而来的朋友安排好住所，让对方在舟车劳顿之余得到很好的休息。可根据朋友的意愿，让其在自己家里过夜或入住旅馆，不必提前预定星级酒店。要知道，朋友此来不是为了享受奢华的度假，而仅仅是为了与你小聚。需要注意的是，为朋友安排旅馆时，要事先周详考察，保证其居住品质，千万不能把朋友带进环境嘈杂、房间脏乱的廉价旅馆，以免朋友寒心。

饮食安排要根据朋友的喜好而定，如果你本人精通烹饪、手艺不错，可以亲自下厨为朋友制作一桌他（她）最喜欢的菜肴；如果你没有任何烹饪细胞，自己平时就餐都要到外面的小餐馆解决，那么就别贸然下厨展示身手了，朋友毕竟不是小白鼠，对方风尘仆仆远道而来，抵达机场或车站时早已饥肠辘辘了，需要的是既能果腹又可口的食物，而不是你即兴创作的很有可能难以下咽的食品。若是不懂厨艺，你可以带朋友到当地比较有名的小吃店或餐馆品尝家乡的特色菜。

一定要带朋友到当地最著名的旅游景点看看，保证其在领略异地旖旎风光的同时，玩得尽兴玩得开心。跋山涉水时千万不要偷懒，不要花钱搭车，而要陪伴朋友一步一步地走向终点，这次难得的经历将成为你们珍藏在心里的美好回忆，这种愉快的体验是花多少钱都买不来的。

朋友之间礼尚往来本属正常事，但是繁文缛节就不必要了。相交多年的好友，不必送贵重的礼物，以免给对方造成心理负担。对方若是真心把你当成挚友，一般也不会赠送昂贵的礼物，送重礼很可能是在释放有求于你的信号。朋友若是有事相求，可根据自身的能力酌情给予一定的帮助，但请不要收受对方的大礼。

不要接受别人的重礼，也不要回赠重礼，要尽可能地赠送一些贴心的小礼物，比如亲手烤制的曲奇饼或者一粒一粒串起的精美珠链。

第七章　理财更简单，人生更自由

想要过上极简生活，实现财务自由是关键的一步。一个在财务上极其不自由的人，只能去过简朴、贫穷的生活，根本就不可能理解极简的真正内涵。极简的核心是身心的自由，表面看来它仿佛纯粹属于精神层面，与物质完全无关，但事实上它是建立在经济基础之上的。极简主义和安贫乐道没有必然联系，真正的极简主义者不仅擅长投资理财，而且在消费方面非常有规划。

极简主义者追求物质消费的极简化，他们不会为了消费而消费，不会为了炫耀而消费，只会为了提升自己的生活品质而消费。消费的目的不在于奢享某件物品，而在于满足自己的某种需要。不过度消费，不铺张浪费，不透支明天的额度，有计划地消费、节制地消费，是极简主义者无债一身轻、悠然享受生活的奥秘所在。

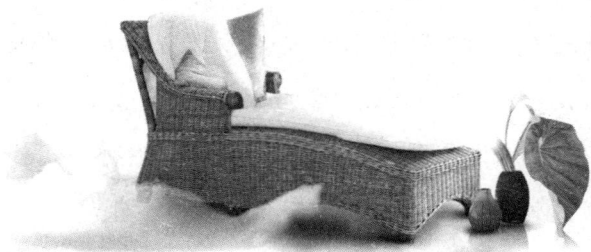

理财之道：从节流到开源

以前人们普遍认为理财只是富人的游戏，广大工薪阶层所得的工资还完房贷、支付完电费、水费、燃气费、交通费、电话费、伙食费等各种费用之后，银行账户的余额已经清零了，没必要再为理财操心了，因为自己已是无财可理。对于月光族来说，理财是个伪概念，消费才是实实在在的事情。而今随着年龄越来越大，各种生活压力纷至沓来，潇洒的月光族也纷纷转变了观念，越来越重视理财了，有人甚至提出了"你不理财，财不理你"的观念，呼吁大家重视理财，不知不觉间，理财便成为了时下热议的话题。

极简主义者是怎么理财的呢？用简单的一句话概括来说就是开源节流，理性储蓄，理性消费。所谓的开源，是指想方设法增加自己的收入，而节流则是指削减不必要的开支，在不降低自己正常生活品质的情况下，逐渐实现原始资金的积累。

信奉消费至上的人，一般比较讨厌"节流"两个字，他们常常会振振有词地说："本来收入就不高，就算一分不花全部存入银行也没多少积蓄，既然如此，存钱还有什么意义呢？还不如花今天的钱圆明天的梦，让现在的每一天都活得精彩欢乐。"于是拼命地透支消费，搞得自己债台高筑，未来的时间恐怕都要在还债中度过了。

对于收入一般的群体而言，节流是理财中必不可少的一个重要环节，在收入有限的情况下，你如果还坚持盲目消费、冲动消费，那么势必会入不敷出。没有挥霍的资本就不要有挥霍的行为，违背这一点，未来的日子一定不会好过。然而节流并不意味着去做"铁公鸡"，该买的什么都不买或是买什么都买最差的。生活中常看到一种现象：最会省钱的人往往都是穷人，而且越省越穷，日子过得一塌糊涂，生活品质完全没有保障。这可不是极简主义者提倡的。节流也要恰到好处，过度节流，不但不能让未来更有保障，还极有可能让幸福的源泉就此"断流"了。

凯文自从参加工作起，就计划着省钱。无论是吃饭、租房、买东西，他都挑便宜的。几乎天天都在吃汉堡，以至于每次闻到汉堡味都有一种恶心想吐的感觉。身上的衣服、脚下的皮鞋全都是从廉价的小店淘来的，上衣一点也不合身，皮鞋也不合脚，裤子皱皱巴巴，颜色、款式还都非常难看。穿上这身行头，凯文无论走到哪里，都会招来惊异的目光，他无法解读目光背后的含义是什么，是蔑视、同情还是冷眼相看？

凯文租住的房子租金低得离谱，条件差得难以描述。走进房间，一股令人难以忍受的霉味和潮气迎面扑来，几乎让人窒息，其他人在里面待上五分钟恐怕就要头晕，然而凯文却在这里住了若干年，并且打算一直长住下去。墙壁上刷的石灰已经剥落了，斑驳沧桑的感觉堪比废墟和古迹。屋里没有任何家什，堪称"家徒四壁"。中央有一张破床，凯文躺在床上时，它会发出吱嘎吱嘎的声音，仿佛随时都有可能散架。

凯文很努力地省下每一分钱，几年之后终于积攒了两万多元，他非常高兴，仿佛受到了巨大的鼓舞，准备再接再厉接着省钱。周围的人都觉得他吝啬到了疯狂的地步，他的母亲也无法理解他，他不理会任何人的想法，继续做着铁公鸡，时时刻刻都在勒紧裤腰带过日子，似乎从来就没想过要过一天正常的日子或者是过一天好日子。

　　节流并非是指锱铢必较、一毛不拔，有些钱是不能省的，盲目的省钱跟盲目的花钱一样糟糕。理财是为了通过合理的财务规划改善生活质量，提升生活品质，而不是无限度地降低生活水准。以前你也许非常喜欢跟朋友到茶馆里谈天说地，每隔一段时间都会到电影院里观看最新上映的大片，把这些钱全省了，生活里还剩下什么乐趣了？此外，吃穿住用行都是刚性需求，你只要保证自己不乱花钱就可以了，不能过度节省。

　　只会省钱是永远都不可能拥有高品质的生活的，只懂得节流，不懂得开源，永远也过不上自己想要的生活。我们常听被称为"白领"的办公室职员，发完薪水支付完各种账单，摸摸空空如也的口袋感叹说："嗨，这个月的工资又'白领'了！"这些人为什么辛辛苦苦忙了一个月，一夜就回到了解放前了呢？是他们花费太多吗？显然不是的。究其原因，无非是他们不懂得开源，不知道如何投资自己，如何让自己升值所致。

　　人常说"活到老学到老"。在这个竞争无比激烈的社会，想要不断升值，永不贬值，就必须终生学习。当然，学习是有成本的，不舍得花钱，你能学到的东西将非常有限。学一种实用性强的技能，可能要花掉你不少银两，但是这种花费是非常值得的，因为一技傍身，你极有可能受益终生，这绝不是能简单用金钱来衡量的。

选择恰当的时间、地点，购买优质商品或服务

梅根只是一个收入水平中等的职员，与她收入水平相当的人要么成了"透支族"，要么成了"月光族"，要么就成了什么都不敢买什么都舍不得买的"铁公鸡"，日子过得凄凄惨惨，梅根却不一样，她也许不是赚钱高手，但却很会花钱，经过精打细算，她把每一分钱都花在了刀刃上，花最少的钱做了更多的事，日子过得丰富而惬意，在收入增长有限的情况下，她丝毫都没感觉到财务紧张。

梅根虽然花钱不那么大手大脚，但照样过着体面而精致的生活。她经常给自己做意大利面，偶尔会给自己烹调一顿法式大餐，并佐以红酒，还要放点轻音乐，在品尝美食的同时，也在享受一种高雅的格调。她每天都会抽出时间做瑜伽，下了班就和朋友一起到海边打沙滩球，业余活动可谓是丰富多彩。不熟悉梅根的人常常会对她做出误判，以为她完完全全属于高收入群体，从来不用为钱发愁，想怎么生活就怎么生活，但事实并非如此，梅根不过是做到了别人做不到的事情而已，她把金钱做到了最大限度的利用，所以从来就不会为钱烦恼，而且过上了一种别样的贵族生活。

理财的精髓是什么？有人说是让钱生出更多的钱，那是典型的商人思维，作为一般的工薪阶层，很难做到这一点，如果人人都能让钱不断生钱的话，那么每个人都成为有钱的老板和投资人了，社会上怎么还会有打工者这样的角色呢？事实证明，打工者普遍不擅长玩钱生钱的商业游戏，人们唯一能做的就是用最少的钱办更多的事，提高金钱的使用率。

乍一听去，这种理论似乎不符合实际。你也许会苦着脸说：不当家不知柴米贵，如今物价飞涨，微调的工资看上去永远都是"以不变应万变"，薪水的涨幅追不上钞票贬值的速度，在这种情况下，还怎么提高金钱使用率呢？以前一张大钞可以买很多东西办很多事，现在两张大钞又能买到多少东西呢？先不要忙着下结论，同样的物价水平，同样的钱，会花钱和不会花钱的人，生活水准相差是相当大的。

不知你是否看过一档三亚旅游的节目？抠门的节目组只肯出1000元，却要让四名游客畅游消费极高的旅游城市三亚。听到这里，你可能会想他们可以住最廉价的旅馆，餐餐都吃路边摊，或者干脆每餐吃一碗泡面，只观赏免门票的景点，什么东西都不要买，节衣缩食地度过一天，也许1000块还花不完呢？问题是那还是旅游吗？分明就是出门吃苦受罪呀。那么四名游客是怎么做的呢？

他们找了一个非常熟悉三亚的大学生，在那名学生的推荐下，只花了很少的钱就品尝了好几道特色小吃，吃了一顿丰盛的海鲜大餐以及香喷喷的烤肉，还入住了抬眼就能欣赏到美丽海景的海景房，感觉不可思议吧？畅游完了三亚，品尝了不少美食，欣赏了壮阔的海景，听着海浪的声音入梦，每个人的平均消费居然还不到两百元。如果一个不会花钱的人想要享受同样规格的待遇要花多少钱呢？恐怕要花掉数千元甚至上万元吧。

这档旅游节目说明只有在恰当的时间、恰当的地点购买商品或服务，才能以最优惠的价格享受到最好的待遇。也许有些人马上想起了购买反季水果或大量购买打折商品，这么做不是在提高金钱使用率，而是在盲目地省钱。

吃水果当然要吃新鲜的，经常打折的商品质量和档次通常都不会太高，买一堆廉价的次品还不如买一件好的。千万不要买反季节的水果，也不要把打折的东西大批大批地搬回家，不过你可以考虑购买一些反季节的衣服，反季的衣服倘若款式不过时，面料和剪裁都还不错的话，偶尔购买几件也无妨。既能省下一笔钱，又能买到合适的衣服，可谓是一举两得。

平时消费时，要再三考虑钱花得值不值，应该把钱花在什么时段什么场合上。比如到娱乐场所消费，一定要弄清优惠时段，这样既能让自己玩得尽兴，又不会多花冤枉钱。有的人非常喜欢吃海鲜，可偏偏收入又不高，一场时令海鲜宴就花掉了上千元，这未免有些太奢侈了。其实你可以考虑到当地菜市场亲自挑选海鲜，然后回家自己烹饪，或者选一家提供海鲜加工服务的餐厅，这样只要花上一两百块钱就能吃上一顿丰盛的海鲜大餐了。也许你想说自己的手艺太差或者在当地找不到加工海鲜的餐厅，这个问题很容易解决，多向精于厨艺的朋友请教请教，你的烹饪水平早晚能赶上高级厨师的水平。如果朋友们都不擅长烹饪怎么办？那就报一个烹饪班吧，学几道自己喜欢的菜花不了太多钱，总比你到酒店、饭店消费省钱吧。

有些人身材发福以后，迫切想要控制体重，于是毫不犹豫地到商场买了一件塑身内衣，穿上发现不合适或者塑身效果不好，又陆陆续续买了好几款塑身内衣，所花费的成本着实不低，塑身却未必有效果。与其如此，还不如花钱报一个健身课程。总之在收入不高的情况下，学会怎么花钱很重要，因为不懂得花钱，你可能会多花很多冤枉钱，也可能为了省钱无下限地牺牲生活品质，这都是理财失败造成的。培养科学的理财观念，即使你不是身价千万的富豪，也能生活得很滋润很快乐。

别让物欲套牢你的快乐

威廉在没有发迹前，每天都搭乘公交车上班，那时他最大的梦想就是能拥有一辆私家车，能够以车代步。威廉的邻居几乎全都是有车族，他是社区里唯一一个买不起车的人，这让他感觉很丢脸。更让他感到难为情的是，偶尔外出时，总能碰到驾车的邻居，每一次邻居都表现得分外热情，大方地表示乐意载他一程。每次威廉都会婉言谢绝，同时心里恨恨地想：将来我一定要买一辆比你的车好十倍的车，你会巴不得坐着我的车兜风。

经过多年的打拼，威廉终于拥有了属于自己的一番事业，他实现了自己的梦想，拥有了一辆不错的私家车。在这辆豪车惊艳亮相以后，邻居们的车全都显得黯然失色了，为此威廉很是得意。可是高兴了一段短暂的时间之后，威廉又陷入了苦闷，原来社区里又搬进来一个更富有的邻居，对方的私家车更高档更名贵，完全把他的豪车比下去了。他感到非常不安，于是买了一辆更贵的豪车。那位富有的邻居没过多久也将自己的座驾升级了，价格、性能又提升了一个档次。

两个人互相斗气似的在极短的时间里购买了多辆座驾，这场无聊的竞争似乎永远也不会终结。有一天威廉逐一清洗自己的座驾时，忽然感到茫然了："我为什么要买这么多辆车呢？平时只开一辆车，其余的车全要保养、清洗，既浪费钱又浪费时间，我干嘛要干这样的傻事呢？"

你是否有过这样的困惑：消费得越多，购买的东西越多，拥有得越多，反而越来越焦虑，越来越开心不起来？这是为什么呢？这是因为单纯的购物并不能给你带来直接的快乐，它给你带来的不过是短暂的快感，而这种快感是建立在攀比基础上的，一旦你被别人比下去，快感立刻就会被焦虑感和沮丧感所取代。

常有人买了一堆没用的东西之后，带着悔恨的语气说："我真不知道当初为什么要买这些东西。"言下之意，那些东西根本就不该买。可是过不了多久，又会买来一堆无用的东西，花费甚至比以前更多，这是为什么呢？是因为人们都想比邻居过得更幸福些，而在大多数人看来消费能力就是获得幸福的资本。邻居比你富裕，用的东西比你买的东西高档，你就会觉得很不幸福；你比邻居富有，吃穿用度各方面都比邻居高一个档次，你就能产生一种优越感和快感，但邻居会因此感到不高兴，随后将花更多的钱把你比下去，接着你又会感到很不服气，于是在消费的道路上越走越远。

假如你的邻居普遍购买力不足，你是小区里财力最雄厚的人，那么这是否就意味着就不必再升级自己的物品，停止无聊的比较游戏呢？其实不是。倘若你的邻居全都过得不如你，你便会觉得自己处处高他们一等，渐渐地便开始不屑于与这些人为伍，时机成熟以后，你将毫不犹豫地搬进更高级的社区。在新社区中，你将发现更有钱的邻居，于是又感到非常不幸福了，然后就要愤发图强赚更多的钱，把赶超邻居当成了最高目标。

一档80后脱口秀栏目曾这样解读过人们过度消费、比拼消费的心理：左右邻居，一个开宝马，一个开奔驰，自己就只能买一艘豪华游艇停在院子里了。游艇并非必需品，也并不能给人带来持久的快乐，却总能让富豪趋之若鹜，原因便在于此。随着生活水平的提高，人们的消费方式和理财观念已经完全改变了，几乎没有人会把吃饱穿暖当成幸福指标了，因为温饱已经不成问题了，人们在进行物质消费的同时，也在追求精神方面的享受。很多时候人们购买物品不是为了拥有物品，而是为了享受一种高人一等的优越感。

　　其实极简主义的思想与人们疯狂追求物欲、疯狂追求优越感的思潮是完全相左的，虚荣心日益高涨的现代人多半不愿意只购买必需品，有些人宁愿破产、负债，也要感受一下奢享某种稀有物品的感觉，心中只有消费目标，没有理财目标，似乎财富不是用来打理的，而是完全用来购买尊贵感的。总而言之，许多人辛辛苦苦赚钱只是为了享受一下别人的注目礼。有此类问题的消费者恐怕不愿接受这样的观点，还会狡辩说："人活着是为了什么？不就是为了追求快乐吗？花钱不就是为了购买快乐吗？凡事都提倡极简，干脆到深山里修行算了，何必在这充满欲望和诱惑的大千世界里活着呢？"

　　有人也许还会这样想：别人有的我没有，我会痛苦；别人有的我也有，心理尚能平衡；人无我有，人有我优，我才能更幸福更快乐。这显然是把物质和快乐牢牢捆绑在一起了。那么物质和快乐能否松绑呢？当然能，在温饱问题已经解决的情况下，为什么不能呢？在追求精神快乐的道路上，极简主义者始终是走在时代的前沿的，他们可以从阅读中找到快乐，从运动健身上找到快乐，从与大自然的对话中找到快乐，从与家人共进晚餐的美妙时光里找到快乐，从与爱人甜蜜相拥的缱绻情谊中找到快乐，为什么我们就不可以呢？快乐一定要花钱购买吗？当然不是，快乐无非是一种感觉，在货币发明之前，它就已经在人类社会中出现了。

心情凌乱时切忌疯狂购物

茉莉亚由于感情受创，满腔的愤怒和悲伤无处发泄，便以疯狂购物的形式来宣泄自己的负面情绪。每每心情抑郁，她首先想到的就是以最快的速度冲进商场，然后在不看价格标签的情况下，随心所欲地扫货。平时舍不得购买的名牌，痛快地买下来，平时舍不得用的高档化妆品，全都装进包包，不把信用卡刷爆绝不回家。

茉莉亚在没有遭受打击前，消费一直比较保守，她只购买必须用到的东西，没用的东西一样不增添，赚来的钱大部分都有计划地存了起来，为的是供女儿日后上大学用。谁知女儿还没有长大，她的家庭就破裂了。离异以后，丈夫获得了女儿的抚养权，并且明确告诉她女儿日后的一切费用由他来支付，不用她操心了。她相信丈夫是一个说到做到的人，因为对方马上就要跟一名成功的女企业家结婚了，他完全有能力负担女儿的一切费用。

茉莉亚认为所有的财务计划都变得没有意义了，她不想再费尽心思理财了，只想拼命花钱、拼命购物，用刷爆卡的快感来缓解内心的伤痛。她从未像现在这样放纵过，也从未像这样豪爽过，这种感觉很奇妙，就仿佛有一股强劲的电流从自己体内通过，带来的是一种癫狂式的快感。

一个月之后，茉莉亚把辛辛苦苦积攒了八年的钱全都挥霍一空了，可是她内心的伤疤却还没有结痂。心情低落时，她依旧渴望闯进商场扫货，可惜她已经丧失了购买力。现在茉莉亚的生活陷入了困境，她不知道将来该怎么度日，也不知道自己什么时候才能振作起来。

很多失意中人，尤其是女性，都喜欢在心情极度低落或者满腔怨气时疯狂购物，目的在于通过狂刷卡狂消费来冲淡自己的负面情绪。平时克制内敛、行为低调的女人，被气昏了头或是伤心到了极点时，几乎都有秒变购物狂的潜质。看到琳琅满目的手提包、化妆品、美容品以及金光闪闪的饰品，大脑立即一片空白，除了想马上将这些东西收为己有之外，脑海里没有任何其他想法。以前的理财计划、储蓄计划全都被抛掷到了一边，当时只想着进行一场没有计划的消费狂欢，事后往往感到后悔，因为一时的冲动花掉的可能是一整个月的工资，也有可能是好几年的积蓄，这对于财务状况本来就不佳的人来说，无异于雪上加霜。

很多人都具有成为购物狂的潜质，但不是每个人都拥有成为购物狂的资本。对于广大工薪阶层来说，靠刷卡购物来调节情绪，不仅是极为奢侈的，而且是极其愚蠢的。试想一下，你今天开开心心地购买名牌包，以后的大半年都得被迫啃干面包，那种日子真的是你想要的吗？

也许有的人会说："大诗人李白都说'人生得意须尽欢，莫使金樽空对月'，只要今天开心就可以了，为什么要想那么长远呢？平时不舍得花钱，不曾过过一天好日子，现在心情低到了低谷，我当然要犒劳自己一番，为什么还要思前想后，难道我心情最差的时候都不能任性一回吗？"问题是购物的疗愈作用是短暂的，挑选商品和刷卡付款时，你或许会感到很痛快，但过不了多久，那种兴奋愉悦的感觉就消失了，该面对的问题你还是要面对的。

工薪阶层的女性平时购物比较保守，倾向于精打细算，偶尔疯狂消费一次，会产生一种"久旱逢甘霖"的畅快感，但购物行为结束之后，伴随而来的却是持久的后悔与失落。购物在短暂的时间内起到的是麻醉剂和止痛剂的作用，当它的魔力消失以后，痛苦、郁闷、压抑的感觉又重新出现了，可见购物并不是一种有效的疗伤方式，它除了让你破财之外，不会给你带来任何好处。也许有些人会问：心情不好时，克制不住自己，就想闯进商场把信用卡刷爆怎么办？问题很好解决，出门别带信用卡，只带几十块现金就可以了。

克制不了自己的购物欲，可以从改变自己的生活习惯开始。比如购物前一定要先让自己吃饱。心理学研究表明，饱足感能有效降低人的购买欲望。饱餐能使人产生愉快的感觉，刺激多巴胺的分泌，起到调节情绪的作用。心情糟糕时，美美地吃上一顿，吃饱喝足以后，购物的欲望往往就不那么强烈了。反之，肚子很饿，心情很灰暗的时候冲进商场，将非常渴求通过购买来填补自己内心的空虚，看到什么都想买，非常容易超支。

心情不佳时，千万不要独自购物，最好和好朋友一起出去逛商场。这样当你冲动消费时，身边有人提醒阻拦，就不用担心因为一时的冲动把辛辛苦苦赚来的血汗钱挥霍一空了。当然，前提是你的好朋友是一个比较理性克制的人，身上没有染上购物狂的习气。否则就会适得其反，两个购物狂一起血拼，结果只能更糟。

投资犹如博弈，务必要戒贪戒燥

米勒是一个普普通通的上班族，在同一个工作岗位上任劳任怨地工作了十年，多年来默默地陪伴公司一起成长，然而薪水却一直没有发生什么变化。究其原因无非有三点：一是米勒为人木讷，从来没有主动提出过加薪的要求，所以老板认为，根本就没有必要给他加薪。维持原来的薪资水平，他照样像头老黄牛那样默默耕耘，一切都不会有什么变化。二是因为米勒学历不高，在人才市场上竞争力不强，即便是跳槽到其他公司，也得不到高薪工作。三是米勒已经过了劳动者的黄金年龄阶段，老板对他越来越不重视，近期正致力于培养年轻骨干，米勒自然被冷落到了一边。

基于种种原因，米勒的收入一直很不理想，他勉强能支付各种账单，维持一家人的开销。全家人都在节衣缩食过日子，即便生活如此艰难，米勒依旧十分热衷于储蓄，总是想法设法省下一点钱存进银行。在他看来，钱存在银行里虽然在不断贬值，但也总比投资到其他方面好，因为存进银行里的钱永远不可能全部亏掉。他的一位朋友听了这个理论之后笑道："你说得很对，愿意把钱存进银行的人根本就没有想过要让钱保值增值，他们只是希望每年损失一点，只要不全部亏掉就心满意足了。"

米勒听了很不高兴地说："把钱存进银行并不是一种愚蠢的行为，因为很多人都这么做。试想一下如果人人都想着要让自己的每一分钱保值增值，全都不肯把钱存进银行，那么全世界的银行恐怕都要倒闭了。然而这种事情在现实世界里并没有发生，这说明人们还是很愿意把钱存进银行的，即便是在通货膨胀非常严重的情况下也是如此。"

对于收入一般的打工者来说，想要积累一笔原始资金，除了拼命省钱、拼命储蓄以外，似乎就没有其他途径了。问题是银行的利息少得可怜，可外面的物价却一直在涨，钱存入银行，只会越存越少。那么这是否意味着打工族想要理财，只能在花钱上下功夫，根本就没有投资的机会呢？

当然不是，把钱存进银行是一种最保险最稳妥的投资，而任何一种投资都是有赚有赔的，所不同的是在当今的市场经济环境下，储蓄是稳赔不赚的，无论如何你或多或少都要损失一点，毕竟通过膨胀不是你能掌控的，如果乐观一点，你可以把损失看成是向银行上缴的资金保管费用。如果你不想越存越穷，还可以考虑一些别的投资渠道。有些人可能会想：富人可以投资房地产、投资古玩、投资艺术品，普通老百姓又能投资什么呢？无非是基金、股票、各种五花八门的理财产品，任何一种投资都是有风险的，稍不小心就有可能亏得血本无归，以后的日子岂不是更难熬了？

诚然，投资有风险，入市需谨慎，在任何时候都是一句颠扑不破的至理名言。想要把所有的风险规避在外是不可能的，关键看你能承受住多大的风险。以投资股票为例，能使个人资产翻倍增长的往往都是财力非常雄厚的人，这类人秉承都是"高风险高收益"的理财信条，胃口比较大，牟利也比较快，但一旦遇到金融海啸，千万元或者上亿元的财富就会瞬间蒸发。普通百姓在股市中扮演的大多都是散户的角色，收益和损失都不会太大。不过对于收入不高的群体来说，略有收益仍是值得欣慰的，至于损失，数额达到几千元、几万元就足以让人捶胸顿足了。

普通上班族在投资时，一定要弄清自己的角色定位，把握好投资额度，同时要对市场风险有所预估。没有足够的资本，没有承受风险的能力，就不要太贪婪，违背了这一信条，后果不堪设想。生活中不乏因为投资失败而走投无路的人，这些血淋淋的真实例子告诉我们，贪婪是人生悲剧的根源，一个人不成功不富有，照样可以健康快乐地生活，但欲求过多，想法不切实际，过分迷信"富贵险中求"，就有可能走向悲剧。

千万不要把自己的所有收入都拿去投资，因为一旦亏损，你的生活将无以为继；也不能借钱投资，因为这样做有可能让你欠下更多的债务。一般而言，将月收入的10％用于投资是合理的，赚了你将获得一笔小小的收益，赔了也不至于损失太多，正常生活基本不会受到什么影响，你还有90％的财富可以自由支配。

想要降低投资风险，首先要做到的是戒掉贪心。假如你曾经购买过股票，就会发现这样一条铁律：在股价涨到高峰时及时将手里的股票抛售出去，往往能小赚一笔；但是若是还不知足，总是妄想股价还能上涨，迟迟不愿把手里的股票变现，可能过了一天，股价便跌到了谷底，自己不但没有赚到一分钱，反而元气大伤、损失惨重。这足以说明贪婪能蒙蔽人的慧眼和心智，使其失去基本的判断，做出极为不理智的事情来，到头来损失最为惨重的还是自己。

投资任何领域，都要注意分散风险，千万别把所有鸡蛋都放进一个篮子里，部分余钱可用来投资股市，部分用来投资理财产品，股票亏了，损失由理财产品来弥补，理财产品亏了，损失由股票来弥补，在股票和理财产品上的投资全部都赔了，你的损失也不过只是月收入的10％而已，这点损失根本就不足以令你伤筋动骨。

为支出记账，让消费更有计划

艾达在一家效益不错的广告公司里做策划，收入非常可观，可是不知道为什么每次到了月底，她都会紧张地发现手头没钱了。钱都花到哪里去了呢？艾达百思不得其解。她觉得自己平时花钱还算节制，比那些花钱如流水的购物狂强多了，可是为什么自己也变成月光族呢？

朋友向她提了一个建议，让她为自己的每笔支出记账。艾达说："这样多麻烦啊，难道我买一只口红、买一个灯泡都要记下来吗？我觉得这些小额支出根本就没有必要记。""那么你的意思是说你把钱全花在大件物品上了？"朋友问。艾达挠挠头说："我不记得买过什么贵重的大件物品啊？真奇怪，钱是怎么花掉的呢？"

朋友说："你想弄清这个问题，从这个月起就开始记账吧，否则你可能一辈子都搞不清钱都花到哪里了。"艾达最终被说服了，最后叹口气说："好吧，从今天开始我就记账。"

记账本身不会让你的财富增加或减少，然而却是理财环节中非常重要的一环。通过记账，你将对自身的财务状况有一个客观的了解，对于自己过去和现在的消费习惯有一个比较清醒的认识，这非常有利于你对现有资源进行合理的优化配置，直接影响到你未来的生活品质。大到国家、公司，小到个人，想要做好财务规划，都离不开记账这一环节。作为个体，为自己记好账，是合理消费、科学理财的关键一步。

记账最大的好处在于可以让你的生活变得更有规划，让你的未来更有保障，也就是说它最直接的作用是能够增强你的掌控力。假如你是一个花钱没有规划的人，不知不觉就成了两手空空的月光族，那么以后想要完成什么目标，怕是都不可能了。在商品经济社会，口袋里没有钱几乎寸步难行。每个人从早上醒来以后，其实就已经进入消费状态了，买早餐、坐公交、购买日用品都是需要付费的。

当然除了衣食住行以外，你还会有别的花销，比如外出旅游。假如你在旅行之前就把积蓄花完了，那么旅行计划就瞬间泡汤了。学会给每一笔支出记账，你才能在收入基本恒定的情况下，准确掌握自己的财政状况，从而做好预算，为未来的目标做好准备。

也许你会说："每一笔开销都要记录下来多麻烦呀，一个月下来要记录多少条目啊。我又不是开办公司，何必做这些琐粹的事情呢？更何况，若是花一块钱买一瓶矿泉水都要煞有介事地记下来，让人看了岂不笑话？这样做岂不是违背了极简原则吗？极简理财不是为了让生活变得更简单吗？怎么反而让生活变得更麻烦了呢？"

先不要忙着抱怨，你可以根据自己的实际情况来决定账目的精细程度。如果你是一个头脑清醒、思路清晰的人，大体上比较清楚自己究竟把钱花在哪些方面了，那么几角钱、一块钱的小账是不必记录在册的；如果你是一个个性大大咧咧的人，平时花钱没节制也没规划，每逢月底即变成月光族，却总说不清把钱花在哪里了，在这种情况下，还是把所有支出全部记录下来为妙。

认真做好记账工作，最起码可以让你对自己的财务状况心中有数。想要做好财务规划，就不要害怕麻烦。花钱没有规划，以后会更麻烦。有的人喜欢做流水账，每消费一笔，就打开笔记本简单地记录项目和金额，这是不可取的。流水账只能为你提供数据支持，却无法让你对自己的消费情况一目了然。想要对自己的财务状况和消费习惯了若指掌，你必须学会为支出做好分类。只有这样，你才能弄清自己究竟把钱花在了哪些方面。

私人账簿的费用支出是很好划分的，大体上可以分为伙食费、房租或房贷、水电费、燃气费、交通费、电话费、服装费、日用品、护肤品及美容产品、健身费、网费、娱乐费用（看电影、听音乐剧）等等。分门别类为各种支出做好记录以后，你将清晰地看到自己在不同项目上消费的额度，这对于你日后节制消费、做好财务规划是非常有帮助的。

假如你的月收入为 7000 元，通过记账发现自己每月的服装费都高达 4000 元，那么就该静下心来好好想一想，以后是否应该少买几件衣服。假如你的月收入低于 5000 元，最大额的支出为伙食费，其他方面消费均很少，那么情况基本上有两种：一种情况是你是一个标准的吃货，其他方面不舍得花钱，但在吃的方面一点都不愿意亏待自己；另外一种情况是你是一个极度节俭的人，恩格尔系数（食品支出占整体消费支出的比重）偏低，那么你的生活质量一定差到了极点。你迫切需要改变自己的消费习惯，适度地提高恩格尔系数，有意识地提高自己的生活品质，如此才能有效提高幸福指数。

网购与实体店，究竟哪个更划算

汉娜想给弟弟买一款时尚的 T 恤。她到实体店购买时，发现时下流行的款式价格全都高得离谱，每件都标价好几百美元，惊得半天呆在原地不动。店员滔滔不绝地向她介绍不同款式的风格以及如何搭配更好看，她一句都没听进去。最终她两手空空地走出了服装店，一脸黯然。

以汉娜收入，买下一件几百美元的 T 恤真的不算什么，但是她实在不愿花冤枉钱，她觉得一件 T 恤并不值那么多钱，价格里一定包含了服装店的租金。在寸土寸金的地段买东西是非常不划算的，因为店家的经营成本无形中就摊到了消费者的头上。回到家里，汉娜打开网页，打算从网上给弟弟购买 T 恤，她搜索到了跟实体店一模一样的款式，价格却只有几十美元，太不可思议了，这才是一件 T 恤应有的价格。

汉娜很快下单了，第二天快递员便送货上门了。她把 T 恤送给了弟弟，弟弟穿起来很合身。事后她不禁感叹：多亏没到繁华地段的实体店购买，否则真要花不少冤枉钱呢。

随着互联网的兴起，网购成了一种势不可挡的消费潮流，与传统的购物形式相比，网购具有无可取代的优势，主要包括成本优势、价格优势和服务优势。简单来说，线上的商家在销售商品时，直接把厂家的货品卖给了消费者，省略了中间商环节，有效压缩了成本，所以可以把价格压得很低，使得自己和消费者都能从中受益。同样的货品，比实体店要便宜很多。再加上，店家全都提供快递上门服务，消费者足不出户就能买到想要的产品，可谓是方便快捷之极。

网购确实能给消费者带来不少实惠和好处。比如它能为你省钱。不少消费者发现同等款式和面料的衣服在商场卖好几百块，但在网店上却只卖一两百，价格相差好多倍，于是便不想到商场买衣服了。聪明一点的消费者经常把商场当成试衣间，看中哪款衣服，马上试穿，私下里悄悄地记好服装的大小尺码和货号，然后偷偷地把衣服的样式用手机拍下来，回到家里到网上搜同款的衣服，慢慢看各家评论，货比三家，最后用极优惠的价钱将自己心仪的衣服买下。

到实体店试穿，在网上购买，的确是一个比较省钱的购物方案。不过它仅适用于价格相对不高的中档服饰。购买品牌服饰还是到实体店购买比较合适。理由有二：花钱购买品牌服饰的很有可能是商务人士，这类人工作比较繁忙，没有时间逐条查看网上的购物评论，也没有精力反复比较哪个店家所卖的货品性价比更高，且不愿意为了省钱而消耗太多的时间成本；从专卖店购买的品牌服饰一般都是真品，而从网上购买的同款服饰则极有可能是高仿货，质量没有保障。

提起极简主义者，很多人都误以为这些人都热衷于到小店淘货，吃穿用度全都不讲究，长期清心寡欲，一件高端产品都不购买。这是对极简主义的误解。崇尚极简者从来不买多余的东西和无意义的东西，但是并不排斥高品质的产品。相反，他们的眼光是非常挑剔的。乔布斯是个典型的极简主义者，他的消费理念足以代表大部分极简主义者的消费理念。在人们的印象中，他的服装缺少变化，总是固定的经典搭配，房间里物品极少，这是为什么呢？这是因为大部分东西入不了他的法眼，他不欣赏的东西，一件都不会花钱购买。普通的消费者则不是这样，很多时候买东西不是因为真心喜欢，而是为了买给别人看，这就是高仿货大行其道的原因所在了。

有的人认为省钱就是理财的精髓所在，在收入上涨幅度非常小的情况下，样式相同的产品哪家卖得便宜就该选择哪家，绝不能让自己多花一毛钱。极简主义者通常不会这样认为。如果实体店和网店的产品确实百分百完全一致，价格上的差异全都是因为店面租金、店员工资及中间环节产生的费用导致的，那么选网店而不选实体店当然是一种非常明智的选择。但是若网店和实体店的产品表面上看去毫无二致，实际上却并不一样，那么你还需酌情考虑。

此外你还需考虑时间成本因素，有的人为了省钱愿意多花些时间，而有些人则宁愿多花一些钱节省时间，不同的人对时间和金钱的概念是不同的。这不是孰是孰非的问题，也不存在标准答案。有的人比较缺钱，却有大把大把的时间，有的人不差钱，时间却并不充裕，你可以根据自身的具体情况来决定自己的消费方式和购物方式，不必在乎别人怎么看。关键在于，不要再买东西给别人看，不要明知是赝品还要购买。如果一件商品超出了你的支付能力，你可以选择不买，因为它对你来说完全属于奢侈品，奢侈品基本上都不属于必需品，而是一种可有可无的东西。

一定要储备一笔紧急备用金

罗伊素来没有储蓄的习惯，他认为钱被消费掉才能体现其实用价值，存到银行里只是无聊的数字，攥到手里不过是一堆废纸。看到别人存钱，他常常觉得很好笑，经常对存钱的人说："如果明天就是世界末日，你一定会后悔今天没把钱全部花掉。存钱有什么用呢？你能把它带到天堂吗？天堂是不需要花钱买东西的吧，根本就不存在钱这种东西，只有人间才需要这种东西，那么现在你为什么就不知道好好利用它呢？"

对方一般会回答说："我并非是守财奴，也没把钱全都存进银行，只是预留了一点紧急备用金罢了，也许日后真的能用得上。"罗伊又说："如果一辈子都用不上，岂不是白存了？"对方会说："人生总会发生一点意外。""意外？最大的意外恐怕就是你突然出车祸到另一个世界去了或者得癌症去世了，但辛辛苦苦存得钱却没花完。"罗伊调侃道。

罗伊无忧无虑地花着钱，丝毫不觉得自己作为一名月光族有什么不妥，直到发生了经济危机，他在裁员风暴中被解雇，才开始有了一点危机感。最初他并不为自己的处境担心，认为也许要不了多久就能找到一份新工作，毕竟他工作经验丰富，又年轻气盛。没想到的是，因为经济不景气，很多公司都倒闭了，没有倒闭的公司都在想着通过裁员缩小规模，几乎没有哪个老板想要逆着经济形势大批量招聘员工，所以尽管每天都在忙着找工作，罗伊还是没有找到可以糊口的职业，他卡里的钱眼看快要用完了，以后的日子真的不知道该怎么办才好。

过了一段时间，罗伊陷入了绝境，他的房子被银行收走了，他成了一名无家可归者。他做梦都没有想到自己能沦落到这个地步，差点就绝望了。好在他在街头露宿的时候，被父母发现了。他的父母发现自己的儿子成了流浪汉非常惊讶。罗伊一句话也说不出来，默默地跟着父母回了家。依靠父母的收留和接济，他度过了艰难的两年。经济形势好转以后，他又找到了一份新工作，不过以后再也不敢做月光族了，无论赚多少，都记得为自己储备一笔紧急备用金。

什么是紧急备用金呢？顾名思义，它指的是在紧急情况下，你马上要用钱时，随时都能取出来使用的资金。也就是说这笔钱是应急用的，是专门用来缓解燃眉之急的。俗话说："天有不测风云，人有祸兮旦福。"今天风和日丽，并不意味着以后的每一天都是艳阳高照，也许未来的某一天你就要经历风雨的洗礼。失业、患病、遭遇意外事故等突发状况，不仅会给你的生活蒙上一层阴影，还会给你造成莫大的财务压力，如果你没有应急的资金，生活马上会陷入困境。

也许有些人会想：缴纳社会保险就可以了，为什么非要储备紧急备用金呢？答案很简单，有时候你突然急需一大笔钱，而你的保险帮不到你。以失业保险为例，你连续缴纳一年多的失业保险，失业后至多能领到 3 个月的失业保险金。如果你是个刚刚参加工作一年多的年轻人，突然失业了，在一年的时间里处在待业的状态，那么 3 个月的失业保险金能为你提供多大的帮助呢？就算你缴纳了 5 年以上的失业保险，最多能领到 24 个月的失业保险金，要是待业的时间超过了 24 个月，那么正常的生活能否维系下去呢？

以医疗保险为例，社会上不乏因病致贫、因病返贫的例子，难道这些人全都没有医疗保险吗？显然不是的。储备紧急备用金是杞人忧天吗？当然不是。它是一种可靠的保障。有的人认为，只有收入少的人才需要紧急备用金，因为一旦出现意外状况，资金断流了，生活便无以为继了。收入高的人根本不用储备紧急备用金，因为他们从来就不需要为未来担心。

这种观点是完全错误的，在这个世界上，因为不善理财或者遭遇意外破产的名人比比皆是，跌入人生低谷时，他们的生活往往连最底层的人都不如。

那么储存多少紧急备用金才合适呢？至少要准备 6～12 个月的薪水钱，这笔钱必须是随时可以取出的。有些人除了基本的花销外，几乎把所有的钱都用作紧急备用金了，这样做太过极端。人虽然应该具有一定的忧患意识，但不必天天提心吊胆，更不必为此充当守财奴。而有的人则毫无忧患意识，发了工资立即狂刷卡狂消费，有时不到月底信用卡和银行卡里的余额就清零了。

也许你会说：我也知道应该贮备一笔紧急备用金，可是就是控制不了自己强烈的购物欲望，该怎么办才好呢？答案很简单，在银行建立一个只存不取的账号，把你的紧急备用金存进去。如果你是一个消费狂人，可以考虑放弃使用信用卡，购物只用现金结账，眼睁睁地看着真金白银流出，你的购买欲自然就会降低很多。

决不让自己财政赤字

拉里拥有好几张信用卡，他平时买东西大部分都是用信用卡支付的。一直以来，他都认为，这种支付方式不仅方便，而且能够帮助自己提前实现梦想，还债的压力还能倒逼自己成为一个更出色的人。他用信用卡买了好几块漂亮昂贵的手表，买了好几套质地上乘的西装，还买了一辆超酷的跑车。可以说，信用卡让他过上了梦幻般的美好生活。

有时候拉里想假如人类没有发明信用卡，自己的日子将会变成什么样子。他可能什么都买不起，只能维持温饱，在年轻的时候完全没有资格享受人生，奋斗到老才能得到自己想要的东西，这是多么可怕呀。好在这个设想是不成立的。有了信用卡，他现在想买什么都可以。透支信用卡已经成了他的习惯，最初他透支的额度还不算大，后来由于购买的东西越来越贵、越来越多，透支的额度完全超出了他的偿还能力。

由于欠债太多，又没有能力偿还，拉里陷入了信用危机，他遭到了起诉，整个人顿时慌了起来。他不知道自己的未来将会怎样。显然，信用卡透支这么严重，以后再想用信用卡消费恐怕不可能了。法院会怎么判决？周围的人会怎么看？会不会把他当成反面教材。人们不都是主张花明天的钱圆今天的梦吗？信用卡被发明的初衷难道不是这样吗？自己为什么会沦落到这种境地？他想来想去想不通，如今感到无比抑郁和恐慌。

人们发明信用卡，主要是为了刺激消费。信用卡允许透支，其前提是你能将透支的数额全部偿还上，如果你不具备偿还能力，却一味疯狂透支，那么就要承担相应的法律责任。正所谓天下没有免费的午餐，谁也没有义务为你过剩的欲望埋单，只想着消费未来却不想为自己的消费行为负责，当然是不可以的。

很多人办信用卡的时候并没有想到这些，在刷爆信用卡的时候也不曾产生过危机感，不会不觉中就欠下了大笔债务，结果不仅赔上了信用，还摊上了官司，生活陷入了一片混乱。一切的根源都是超前消费惹的祸。曾几何时，提前消费变成了一种时尚，而稳健的保守消费则被贴上了落伍、贫穷、购买力不足的标签，人们以为只有跟不上时代潮流的中老年人才会拒绝信用卡，年轻人早已接受了新型消费模式，生活方式已经跟欧美发达国家的同龄人接轨了。

不知你是否听说过这样一个故事：一位保守消费的中国女性直到奋斗到晚年才赚足了购房的钱，入住时欢喜得老泪纵横，感慨万千地说："我终于有一套自己的房子了。"在大洋彼岸，习惯了提前消费的一位美国女性，年纪轻轻就住进了宽敞明亮的大房子，日子过得逍遥而舒心，到了晚年她终于还清了所有的债务，开心地说："我终于把买房的钱还清了。"乍一看去，这似乎说明美国人的消费理念比中国人更成熟，因为前者提前享受了高品质的生活，日子过得十分富足，而后者大半生都过得拮据而艰辛，直至人生的尾声阶段才能享几天清福。可事实果真如此吗？提前消费真的能让人更幸福吗？

事情远远没有我们想象中的那么简单。许多年轻人只看到了美国人超前消费，到处刷卡的潇洒，却没有看到背后运作的信用体系。信用是美国的立国之本，作为一个美国人，最为悲惨的事情莫过于失去信用。由于超前消费而导致信用破产的美国人，只能保留衣物和生活必需品，其余资产一律用来抵债，在未来的十年内他将无法获得任何贷款，在3～5年的时间内每月的收入都要受到严格监管。除此之外，生活的各个方面都会受到波及，租房时将被房东拒之门外，找工作又会被雇主冷遇，人们不再信任破产者，这样的人在社会上几乎寸步难行。

美国人如非逼不得已是不会申请破产的，因为代价太过高昂了。我国的年轻人在透支消费的时候没有充分考虑到信用破产背后的危机，这是非常危险的。我们常看到这样一种现象：有些人收入并不高，却每次出门都要打车，每个周末都要冲到商场消费，购买新款手机、数码相机、笔记本电脑基本都靠刷卡消费，生活依赖一次次透支来维系，似乎没有意识到自己已经背上了沉重的债务负担，等到债台高筑，需要承担相应的法律责任的时候，后悔已经来不及了。

生活告诉我们超前消费、负债消费是不可取的，我们应该理性理财、理性消费，绝不能让自己出现太大的财政赤字，使用信用卡一定要量力而行，透支的额度要根据自己的经济实力和偿还能力而定。如果你只是一个收入中等的年轻人，却有着极强的消费欲和购买欲，虚荣心比较强，那么最好不要透支消费，因为量变积累到一定的程度就将达到质变，最初你可能只是小额透支，慢慢地就变成了大额透支，最后的残局将不可收拾。没有财务规划的人，自控力不强的人，并不适合使用信用卡消费，假如你恰巧属于这类人群，在办理信用卡时一定要三思而后行。

第八章 做好美容功课，留住青春美颜

在大多数人眼里，美容是一件既麻烦又复杂的事，它涉及到各种品牌的化妆品、护肤品以及各种繁琐的美容手段，需要耗费大量的金钱、时间和精力。然而在极简主义深入人心的时代，将美容化繁为简，并不是一件难于办到的事。极简美容，作为一种新兴的美容方式已经悄然兴起了，它的发起者和倡导者反对将美容的定义停留在修饰仪表仪容的层面，告诫人们不要再用一层又一层的化妆品掩盖肌肤的问题，而要致力于采用天然健康的方式完善肌肤、美化自己。

极简主义者追求的是一种健康之美和纯净之美，他们主张采用温和不刺激的天然美容品护肤，建议人们不要往脸上涂抹过量的化学美容产品，而要通过改善饮食结构、作息方式来护养肌肤。在美容美体方面，他们主张采用健康的减肥方式，享受慢瘦的过程，反对服用减肥药或者采取其他有损身体健康的减肥方式。

极简美容法则，既可以帮助你以一种极其简单的方式，实现护肤驻颜的目的，又能使你节约更多的金钱，避免美容产品的滥用和金钱的浪费，可谓是一举双得。

想要做好美容功课，留住青春美颜，依靠的不是大品牌的化妆品，也不是繁复的美容手法，而是科学护理自己的方法，极简美容倡导的理念正与其不谋而合。

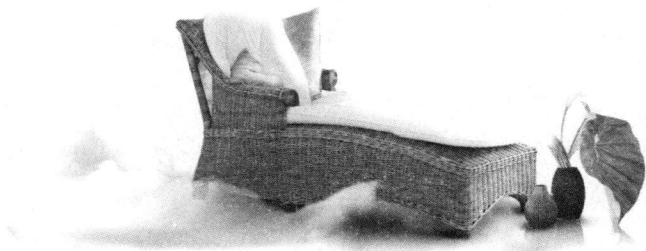

神奇的裸妆："素面朝天"亦可"惊若天人"

妮可姿容清丽、气质不俗，可惜那种漂亮的 V 形小脸经过浓妆艳抹以后，几乎变成了另一副样子。由于酷爱烟熏妆，很多人根本就不知道她长什么样，自然也就发现不了她独特的美。妮可在大学时好几次尝试着应聘兼职工作，不知什么原因全都被拒之门外。为此她感到很不服气，愤愤不平地说："上次我去应聘艺术品店员的工作，招聘启事上对相关经验没有任何要求，只要求形象好气质佳，我认为自己完全符合要求，可是他们为什么不肯给我机会呢？"

同学想了想说："我想是因为你没有特点，没能给面试官留下深刻的印象？"妮可急了："你说我没特点？我从小学开始，可一直都是学校里的校花啊？"同学赶忙解释说："我不是说你长得其貌不扬，而是说女生化了浓妆看起来几乎都是一个样子。"妮可拿起镜子仔细端详了一下自己的脸，然后说："也许你说得对，我知道该怎么做了。"

妮可洗去了满脸的浓妆，轻描淡写地化了裸妆，再次走到了那家正在招收店员的艺术品商店，没想到居然很顺利地得到了那份工作。面试官根本就没有认出她。妮可终于明白了，相貌端秀、五官精致的她其实根本就不适合烟熏妆，夸张的妆容几乎把她的特点全部掩盖了，换上清新的裸妆，她的美才能真正凸显出来，看来妆容并不是越浓越好。

裸妆是非常神奇的，看起来似乎素面朝天、不施粉黛，然而皮肤却比以前细腻了很多，所有的小瑕疵统统隐形不见了，它让你的肤质瞬间有了娇嫩、润泽、白里透红的健康质感，平庸的脸部轮廓也立时鲜明了许多。这是怎样的一种美呢？用李白的一句诗来形容是最恰当不过了，那便是"清水出芙蓉，天然去雕饰。"

裸妆的魅力在于妆容自然，若有似无不着痕迹，清新动人，淡雅精致，能极好地衬托出你的气质。虽是精心修饰，却让人察觉不出刻意装饰的印记，即使近距离观赏，亦是无懈可击。这种效果是浓妆艳抹达不到的。崇尚极简主义的女性，普遍偏好裸妆，她们认为抛却繁复的色彩和厚厚的化妆品，方能让肌肤呈现出透亮无瑕的质感，去掉多余的修饰，才能把自己的独特之美展现出来。仔细观察你会发现，天生丽质、相貌出众的女性大多喜欢化淡妆或裸妆，而偏好浓妆，总想制造浓墨重彩效果的女性要么就是不够自信，要么就是长相平平，希望借助化妆品的掩饰把自己变成另外一个人。化妆不是整容，如果化过妆之后，产生的效果堪比整容，并不能说明你的化妆技术有多好，而只能说明你对自己的容貌有多么不自信。

而今，不止女性爱化妆，有的职业男性由于工作需要也会化妆，比如模特、演艺人员、出现在电视辩论赛中的政客等，在特殊场合下，普通的男性也会为了掩盖痘痕、黑眼圈而化妆，目的在于为了给对方留下好印象。比起女性，男性更加不适合浓妆，痕迹太浓的妆容会让男性显得奶油、女孩子气，使其看起来缺乏应有的男子气概和阳刚之气。可见无论男性还是女性，如果一定要借助化妆品修饰自己，还是选择裸妆比较好。

化裸妆的第一步是打底妆。首先要做好肌肤的清洁工作，把脸洗干净以后，往脸上抹上适量轻薄的粉底液。要顺着皮肤肌理的方向均匀地把粉底抹开，先轻轻涂抹两颊，再涂抹下巴，之后沿鼻梁轻柔地向上抹，至额头往两边涂抹，轻轻掠过眼角和鼻翼即可。用手涂抹完粉底液之后，拿起海绵轻轻按压面部，以滚动方式涂抹，这样做可以把多余的浮粉去掉，让粉底更均匀，还能起到隐藏毛孔的作用。

这一步骤操作完毕以后，再用海绵以垂直的方式将面部的粉底液压实，让粉底更好更妥帖地贴合皮肤，打造细腻无瑕的质感。在脸上轻轻扫上适量散粉。化完底妆后，在小型喷雾器容器中装入适量矿泉水，远距离朝脸上喷，水干之后妆容会显得更加柔和自然。需要注意的是选用的粉底液最好贴近天然的肤色，不要为了追求美白的效果而选择超白的粉底，因为那样做会完全破坏裸妆自然清新的效果。

第二步是化眼妆。很多女生都喜欢画又黑又浓的眼线，贴浓密卷翘的假睫毛，在眼睛周围刷重重的眼影，为的就是让自己平凡无神的小眼睛看起来更大更亮，秒变"bling bling"的电眼。这种眼妆虽然对于提升整体形象有着立竿见影的效果，但修饰的痕迹太浓，远不如裸妆纯净清新。

裸妆的眼妆没有又粗又黑的上扬眼线，只有一条细细的内眼线，或是连内眼线都不画，只是将睫毛略微修饰了一点。化裸妆的人一般是不粘假睫毛的，她们只是将睫毛夹翘了一点，涂了一点睫毛膏，使其看起来更浓密更迷人而已。一般而言，长长的浓密的睫毛在保护原有轮廓的情况下，即能起到内眼线的效果。眼妆对于女性的妆容来说是必不可少的一部分，男性可省略这个环节，因为男人画眼线或是把睫毛夹翘，会显得非常怪异。

第三步是上腮红和化唇妆。女性可在脸颊上扫上淡淡的一点腮红，然后抹上同色系的唇蜜，或者淡粉色的唇彩。腮红的作用是使人看起来青春妩媚、面若桃花，唇蜜或唇彩既能使嘴唇看起来娇艳欲滴，又能起到很好的保湿效果。男性不必抹腮红，最好用男性专用的唇膏代替唇蜜或唇彩。

总而言之，裸妆可以让看似素面朝天的女性展现出惊若天人的美，而对于男性来说，化妆这样的事情其实是无胜于有的。不化妆的男性通常比化妆的男性更富有英气。

DIY 四种纯天然面膜，敷出无瑕肌肤

克莉丝汀娜的皮肤非常薄非常敏感，所以经常为选择美容产品所苦，别人能用的护肤品，大部分她都不能使用。就拿面膜来说吧，她精挑细选，换了一款又一款产品，可每次敷完脸之后，都会出现发红发痒的过敏反应，这让她非常郁闷。朋友建议她购买一些高档面膜，理由是价格太过便宜的面膜产品，可能添加了很多化学成分，高档面膜一般比较温和，刺激性较小，通常比较适合容易过敏的人使用。

克莉丝汀娜采纳了朋友的建议，周末便一口气购买了好几贴高档面膜，可是仍然出现了过敏反应。她不知道该怎么办才好了。她属于干性皮肤，每到换季时脸上都干得脱皮，什么护肤品都不使用，无法改善干燥的肤质，使用了护肤品又担心过敏。这该如何是好呢？正当她发愁的时候，朋友又给她提了一个建议，让她亲自动手制作天然面膜。经过实验，克里斯提娜终于找到了最适合自己的天然面膜，敷在脸上不但没有过敏反应，而且凉凉的、滑滑的，非常舒服。用清水洗净以后，发现面部皮肤更细致更幼滑了，效果好的完全超出了她的预料。

提起美容产品，人们首先想到的应该是面膜。面膜几乎是每个爱美人士护肤调理的必备品。一张清凉水润的薄膜，往脸上轻轻一敷，就能起到保湿、美白、营养肌肤的作用，功能可谓强大之极。面膜虽能起到有效的美肌效果，但是如果选用不当、使用不当，就会对皮肤造成无法预估的伤害。有一位 26 岁的年轻姑娘，每天都会用面膜敷脸，最后生生把自己敷成了"荧光脸"，晚上关上灯，脸上即闪烁出幽幽绿光，效果犹如好莱坞的惊悚大片。为什么会出现这样的事情呢？原因有二：一

是这位年轻的姑娘面膜敷得太频繁了，美容方法不科学。二是她使用的面膜产品含有大量的荧光添加剂。

选择面膜一定要慎重，不能因为它是需要频繁使用的产品就以廉价为标准购买，购买面膜的时候，要弄清它所含有的成分，不能过分偏好低价。假如你不擅长挑选面膜，不晓得市面上销售的面膜哪些添加了对肌肤有害的成分，那么可以考虑自己动手制作天然面膜。天然面膜不含任何化学成分，温和、不刺激，且成本更加低廉，美容效果又非常不错，同时又十分符合极简理念，非常适合广大爱美人士。那么下面就介绍几款简单好用的天然面膜的制作方法吧。

黄瓜补水面膜

黄瓜不仅是一种食材，而且是一种效果颇好的补水产品。用它制作的面膜既能美白补水，还能起到淡化细纹的作用。黄瓜补水面膜制作起来非常简单，将黄瓜洗净，切成薄片，敷在脸上即可。用黄瓜美容还有另外一种美容方法，那就是将黄瓜榨汁之后，与牛奶、蜂蜜混合调匀敷脸。这种方法可让肌肤更柔润更有弹性，可达到极好的美肤效果。

蜂蜜面膜

蜂蜜中含有葡萄糖、维生素、蛋白质、氨基酸等多种具有美肤效果的营养成分，非常适合用于制作面膜。蜂蜜面膜主要有三种比较常见的制作方法。第一种方法：将蜂蜜添加 2～3 倍的清水稀释之后敷脸，坚持使用即可使肌肤细腻、光洁、嫩滑。第二种方法：将蜂蜜、甘油、水、面粉，以 1：1：3：1 的比例制成面膏，均匀地敷在脸上，15～20 分钟之后，用清水洗净，即能达到很好的补水保湿效果。第三种方法：取适量奶粉和鸡蛋清，添加蜂蜜制成面膜，用棉签往脸上涂抹薄薄的一层，15～20 分钟之后，用清水洗净，坚持一个月，即能改善干燥的肤质。

需要注意的是，由于蜂蜜的分子结构比较大，不易被皮肤吸收，所以千万不能将其与精华液、润肤水之类的化妆品同时使用。另外，蜂蜜质地黏稠，用它制成的面膜不适合油性皮肤的人或者毛囊有炎症的人使用。

蛋清面膜

蛋清中含有丰富的蛋白质、维生素及多种营养肌肤的矿物质，用蛋清敷脸不仅能使你的肤质更细腻更水润，还能达到紧致肌肤和良好的控油作用。蛋清面膜比较适合于油性皮肤的人使用，因为它能收缩毛孔，减少油脂，使皮肤更干净更紧致。此款面膜，敏感性皮肤和干性皮肤的人要慎用，以便皮肤越敷越干。其制法如下：取适量蛋清，搅拌充分后，添加些许蜂蜜，搅匀之后敷脸。每周敷面一次，坚持使用一个月，即可起到去除油垢、紧实肌肤的效果。

牛奶面膜

洗脸时，将牛奶涂抹在脸上，轻揉 2～3 分钟，使里面的营养物质被皮肤充分吸收，静待 15～20 分钟之后，用温水洗净即可。牛奶面膜的材质可以是酸奶，也可以是纯牛奶，使用鲜奶制作面膜，一定要选脱脂牛奶，因为全脂牛奶所含的油脂太高，容易使皮肤长脂肪粒。需要注意的是，这款面膜不太适合油性皮肤的人使用。此外，牛奶面膜不能代替所有护肤品，它虽然具有天然、安全、护肤效果显著的优点，但渗透性有限，营养物质一般停留在皮肤表层，所以在利用天然牛奶护肤时，要注意配合常规护肤品使用。

制作和使用天然面膜需要注意以下事项：

1. 即做即用，一次制作的面膜只能使用一次

如果你不要心放多了原料，必须弃用。这是因为制作天然面膜的材料一旦放置久了，里面的营养元素就会遭到破坏，用它敷脸护肤效果将大打折扣。

2. 敷脸前要事先做一下过敏性测试

酸度强的果蔬大多不适合直接敷脸，像黄瓜这样可以直接贴在脸上的果蔬类天然面膜并不多。制作果蔬面膜时，最好添加一些酸奶、面粉等辅助性的材料，以此中和酸度。此外在敷用天然面膜时，要先涂在手肘内侧观察半个小时，看看是否有发红发痒的现象，如果过敏，说明该款面膜不适合自己的肤质，除了弃用别无选择。

3. 面膜不能频繁使用

无论是自己亲自动手制作的天然面膜还是从市面上购买来的面膜，都不能天天使用，因为频繁使用面膜，会过度剥离角质层，使皮肤变得更加敏感，不利于皮肤保养。一般而言，一周敷 1～2 次面膜就可以了，时间控制在 15～20 分钟内，限定在 15 分钟更佳，因为在敷贴面膜的最初时段，肌肤在不间断地吸收营养和水分，时间久了，面膜便开始吸收水分，敷用面膜时间过长，会造成皮肤水分流失，对于护肤来说，完全适得其反。

可怕的真相：过度护肤会破相

伊芙平时非常注重皮肤保养，每天都要往脸上涂抹大量的化妆品，单是美白产品就有好几种，包括美白柔肤水、美白滋润霜、美白精华液等。她还频繁地使用祛角质的磨砂产品，认为这样可以有效地去除死皮，让肌肤细滑透亮。此外，伊芙对于去黑头、去油脂的美容产品也非常热衷，每日使用的化妆品至少有 7 种。

谁知在各种化妆产品多管齐下的情况下，伊芙的皮肤不但没有变得越来越好，反而变得越来越敏感，还长出了不少痘痘和色斑。起初她以为是使用了过敏的护肤品导致的，后来才知道并不是这样，主要原因在于，她超量涂抹了化妆品，阻塞了毛孔，影响了皮肤的正常新陈代谢，此外过度频繁地祛角质，导致皮肤屏障膜严重受损，所以她的脸变得容易过敏，经常发红发痒，抵抗不了任何外界的刺激。由于护理不当，伊芙不仅没让自己的脸变得更精致更美，反而差点毁容，好在她及时认清了问题，不再乱用化妆品了，才保住了自己那张已经变得十分脆弱的脸。

护肤是每位爱美人士每天必做的功课，你可以不化妆，但却不能不护肤。护肤是你呵护自己的一种方式，也是有效驻颜的最基本的方式。一个人皮肤再好，假如不注意肌肤的修复和保养，也有可能变得粗糙、黯哑、没有弹性，反之一个人的皮肤底子再差，如果护肤得当，也有可能呈现出晶莹白皙剔透的效果。懂得护肤和不懂得护肤，对你的容颜影响非常大。那么这是否意味着只要肯花大价钱、勤于护肤，就能让自己的皮肤越来越好呢？

其实不是。频繁做皮肤护理不但浪费钱，效果反而适得其反。生活中，我们常看到有些人频繁到美容中心做护理，或者经常涂抹去角质的产品，抑或像砌墙一样往脸上涂抹一层又一层的化妆品，结果皮肤不但没变好，反而变得越来越糟。这是为什么呢？这是因为违背了极简美容的理念，护肤品并非使用得越多越好，也并非是使用的越频繁越好，超量使用护肤产品，或者使用不适合自己肤质的产品，不但起不到美肤的效果，还会对皮肤造成刺激和伤害。

有的人每天洗完脸，都要往脸上涂抹6层以上的化妆品，柔肤水、面霜、隔离霜、BB霜、防晒霜、粉底液、精华液全都涂在脸上，似乎只需一层一层地将各种化妆品往脸上涂抹，即能让肌肤获得所有所需的营养，同时能达到补水、美白、保湿、防晒等多种效果。事实上不是这样的，涂抹太多的化妆品，不但不利用皮肤的吸收，还会堵塞毛孔，影响皮肤正常的代谢和呼吸，甚至有可能使皮肤长出难看的脂肪粒。一般而言，隔离霜、BB 霜、防晒霜成分都差不多，使用一种即能达到很好的防晒效果，没有必要 3 种同时使用。另外，功能类似的化妆品不要重复使用，以免给肌肤造成负担。

爱美人士发现，给面部做了去角质护理以后，似乎皮肤瞬间就变得莹润透亮了，所以非常热衷于使用磨砂产品或者到美容院进行去角质护理，其实这样做是非常不可取的。角质层是皮肤的天然屏障，对皮肤起到非常重要的保护作用。不断把角质层从面部剥离，使其变得越来越薄，将极大地削弱它的保护作用，而且还会使皮肤的情况发生恶化。频繁去角质，皮肤将变得越来越敏感，最直接的表现是红血丝外露，对阳光照射敏感，难以抵挡紫外线的伤害，稍微受到刺激即有刺痛感。对于角质层比较薄的人来说，频繁去角质，将会使自己的皮肤变得越来越差，越来越容易过敏。一般而言，2～4 周进行一次去角质护理就可以了，有的人每隔两天就去一次角质，这是非常危险的。

很多人喜欢给皮肤做按摩，每天都会花时间按摩脸部。按摩在一定程度上，确实可以促进细胞代谢，使紧张了一天的皮肤得到充分舒展。可是按摩过度，将造成非常可怕的后果。它将使你的脸提前老化，让你的皮肤变得松弛。略懂常识的人都知道，皮肤松弛是胶原蛋白流失、肌肤弹性变差所致，如此分析，似乎跟按摩没有什么直接关系。可是这并不意味着按摩不会导致皮肤松弛。反复拉扯皮肤，即便动作再轻柔，也会给皮肤造成伤害，它的原理就跟表情纹生成的过程一样。人在做各种表情的时候，动作再自然不过了，然而天长日久，你的皮肤上仍然会留下相应的印记。所以不要频繁地给自己的脸做按摩，压力过大、面部僵硬就给自己的心灵多做些按摩，心态放松了，脸上的皮肤自然而然变放松了，根本就不需要按摩了。

皮肤护理的另外一个误区就是超龄保养。人们都说青春易逝、红颜易老，再美的容颜都抵不过岁月的侵蚀，所以保养皮肤要趁早。这种观点不完全正确，保养必须适龄，在不同的阶段采用不同的保养方法，正当妙龄时没必要超前保养。有的女生刚刚 17 岁就开始涂抹眼霜，刚刚 22 岁就开始使用预防衰老的护肤产品，这无疑是进入了保养的误区。

年轻女孩过早使用滋润型的抗衰老护肤产品，会造成影响过剩，让皮肤变得油腻，还有可能使脸上冒出很多粉刺。总之对于女性来说，一定要弄清每个年龄阶段该使用什么类型的护肤品，以免护肤不当，反倒破相。

驻颜抗衰很简单，做好洁面功课就可以了

凯莉自诩为精致女人，每天上班她都会带着精致的妆容出门。她长得极其标致，又很会化妆，懂得如何打扮自己，在公司里一直是个引人注目的姑娘，受到很多男同事的青睐。28 岁的她既有年轻女子的青春美貌，又有成熟女人的迷人风韵。可惜仅仅过了两年，她的容貌就发生了极大的改变。尽管她的五官还是那么精致，气质依旧那么无可挑剔，可皮肤却明显地衰老了，女人皮肤一老，看起来整个人都苍老了。

以前凯莉每次对镜子梳妆打扮时，都会分外陶醉，似乎被自己的美貌迷住了。可是现在每次照镜子都会慨叹岁月无情，青春易老。起初她认为衰老不过是一个自然过程，毕竟自己已经 30 岁了，不再是 20 多岁的年轻女孩了，出现衰老迹象是再正常不过的事情。后来经过朋友分析才知道，所有的问题都出在洁面上。由于工作太忙，她每天洗脸都很应付，多年来几乎没有好好洗过一次脸，但化妆的时候却很细心，七八分钟的时间就能把妆画好，效果出奇地好。

晚上回来，她已是劳累了一天，什么事情都懒得做，随便吃了一点

晚餐，用清水冲了几把脸就睡下了。化妆品和油垢残留在毛孔里，从来就没有被彻底清洁过，天长日久，给皮肤带来了极大的负担，所以即使她每天涂抹昂贵的护肤品也没能减缓皮肤衰老的速度，涂再厚的化妆品也掩饰不了脸上的风霜了。得知真相后，她非常后悔，可惜一切都太晚了。

洁面是皮肤保养的基础，一个人的皮肤好不好，大部分取决于清洁工作做得是否彻底。尽管揽镜自照时，我们看不到自己脸上有脏东西，但事实上我们的皮肤上已经积累了很多灰尘，如果不仔细清洗，时间长了，就会影响皮肤透气，导致肤色暗沉发黄，没有一点光泽度，到时再昂贵高效的化妆品也起不了作用了。

有些人为了提升个人形象，不惜花费重金，购买昂贵的护肤品和化妆品时没有丝毫犹豫，但却忽略了最基础也是最重要的护肤工作——洁面。我们绝大多数人每天都会早晚各洗一遍脸。洗脸是我们日常生活中的一部分，每天醒来我们要做的第一件事情就是洗脸，晚上入睡前所做的最后一件事情也是洗脸。没有人认为自己不会洗脸，但每天认真洗脸，并掌握了正确洁面方式的人其实并不多。

有些上班族早上总是匆匆忙忙，为了快点吃完早餐赶公交，把洗脸当成了一项必须快速完成的工作，所以总是匆匆了事，根本就没把脸清洁干净。晚上，感到又倦又乏，洗脸就成了应付，通常是潦草地用毛巾擦两下，便回到卧室里倒头睡下了，这会给肌肤的健康带来极大的威胁。

洗脸时一定要选好洁面产品，整个洁面过程都要认真完成，不能敷衍了事。平时我们大多使用洗脸奶洗脸。一般而言，洗面奶分为高泡沫型、低泡沫型、奶液型三种。不同肤质的人可根据自身的特点来选择不同类型的洗面奶。高泡沫型的洗面奶泡沫丰富，清洁能力较强，能很好地清除毛孔内的污垢，比较适合毛孔比较粗大、肤质偏油性的人，干性皮肤的人使用之后通常会有紧绷感，因此不宜使用，敏感肤质的人慎用。

低泡沫型的洗面奶去污能力也不错，且刺激性较小，比较适合中性或干性皮肤。奶液型的洗面奶和前两种洗面奶比起来，清洁能力较差，但温和无刺激，最适合敏感性肤质的人使用。如果你的皮肤油脂分泌旺盛，时常都会冒出小痘痘，最好选用高泡沫型洗面奶。如果你的皮肤角质层较薄，非常敏感，那么最好选用奶液型洗面奶。如果你不属于油性皮肤或敏感性皮肤，那么最适合的洗面奶就是低泡沫型，它既能帮助你很好地清洁面部肌肤，又属于低刺激型，用完之后不紧绷，可以称得上是一种非常理想的洁面产品。

早晚洁面时，一定要做到360度无死角处理，决不能让污垢残留在任何角落。洗脸最好使用温水，不要用热水或冷水。热水中升腾的水蒸气能使皮肤毛孔张开变大，将促使皮肤的天然保湿油大量流失。冷水洗脸虽能使人更清醒，有助于收缩毛孔，但不能让毛孔张开，所以无法将脸上的污垢洗干净。只有温水洗脸既能充分清洁皮肤，又不会损害皮肤。

洁面并不算什么难事，也算不上什么麻烦事，但是在日常生活中，洁面工作做得合格、彻底的人并不多。在日常护肤时，不注重例行的洁面工作，已经给皮肤带来很大的损害了，更糟糕的是有的人还喜欢带着脸上的残妆入睡，使得化妆品的颗粒阻塞了毛孔，严重阻碍了皮肤的正常呼吸。这样做无异于给本来已经非常糟糕的皮肤又附上了一层枷锁，其后果可想而知。我们知道，皮肤在夜间是需要呼吸和排毒的，化妆品残留的颗粒将严重阻碍这一过程，不卸妆就入睡对皮肤的伤害是非常大的。

无论你的工作节奏有多快，生活压力有多大，晚上回到家里有多疲惫，入睡前都必须把妆卸干净，否则白日里精致的妆容很有可能成为促使你提前衰老的催化剂。一位播报新闻的主持人，年过花甲时容貌却像40出头的样子，整个人看起来至少比同龄人年轻20岁，她是怎么做到的呢？当记者向其讨教保养的秘诀的时候，她只淡淡地说了一条，那就是她平时非常注重洁面工作，每天都会把脸上的化妆品卸得干干净净，绝不留一丝残妆过夜。多么简单的保养方法啊，但效果却是如此惊人。

其实所谓的美容秘诀并没有那么多，你只要把妆卸干净，把脸洗干净，美容工作就已经做好了大半。卸妆时一定要用专用的卸妆水，绝不能仅仅用水冲洗几遍便草草了事。卸妆工作马虎不得，我们必须认真对待。不少女性宁愿花好几个小时化妆，也不愿意花几分钟耐心地卸妆，对镜梳妆浓妆淡抹时十分惬意，卸妆的时候却一点兴致都提不起来，这对皮肤保养是非常不利的。更有甚者对妆容产生了严重的依赖，任何时刻都不愿露出自己的真实容颜，习惯性地带着残妆过夜，这样做对皮肤的损害更大。

不花冤枉钱，食补吃出美丽与健康

娜塔莉每个月并没有花太多的钱保养肌肤，但整个人看起来却比同龄人年轻漂亮许多。不明真相的人还误以为她秘密使用了什么高级的美容产品，其实她使用的都是大众化的护肤品，根本就没用过什么特别的产品，她驻颜的秘诀是饮食。娜塔莉在饮食方面是非常讲究的，她从来不吃垃圾食品，只吃新鲜蔬菜、水果和天然有机食品，所以面色非常红润健康，显得年轻而富有活力。

娜塔莉的妹妹则跟她完全相反，妹妹在饮食方面向来不讲究，平时想吃什么就吃什么，几乎没有什么禁忌。妹妹喜欢零食，每天都窝在沙发里吃零食，她还喜欢快餐和油炸食品，只要一闻到香气扑鼻的油香味，就什么都不管不顾了。由于饮食不健康，妹妹的脸上经常长东西，不是长粉刺，就是长痘痘，她花了很多钱买化妆品去除粉刺和痘痘，起初这些化妆品还管用，用了一段时间后就完全失效了，无论她怎么涂涂抹抹，都没办法让自己的脸变得光滑起来。

娜塔莉多次劝妹妹改变饮食习惯，放弃垃圾食品，妹妹总是不听，妹妹说："我虽然很爱美，但最大的爱好就是吃，如果不能随心所欲地吃自己喜欢吃的东西，人生还有什么乐趣呢？皮肤出了一点问题没什么，下个月我就能拿到全额奖金了，到时候我再多买几款更高级的祛痘产品。"其实她的皮肤除了长痘痘和粉刺之外，还出现了多种问题，比如色素沉着、过早松弛等，她比姐姐娜塔莉小两岁，但是看起来至少比娜塔莉大5岁。由于两人相貌极其相似，人们一眼便能猜出她们是姐妹，不过常常把她误当作姐姐，这让她感到非常烦恼。

很多人误以为美好的容颜都是昂贵的护肤品、保养品保养出来的，所以在美容养颜方面花费了大量的金钱，但仍然抵不住岁月的侵蚀。这是为什么呢？是人类无法延缓衰老的脚步，还是因为所谓的护肤品、保养品根本就没有那么神奇的功效？看看居住在深山里的山民就知道了，他们不曾接触到任何人工护理、保养的产品，也不曾挖空心思驻颜，只是他们吃得更健康，平时饮用的都是纯净的山泉水，食用的都是纯天然的绿色食品，不摄入任何食品添加剂，所以看起来更年轻，气色也更好。

其实美丽的容颜不是花钱保养出来的，而是吃出来的。平时总吃对健康和美容不利的垃圾食品，化妆品再高档，美容院去得再频繁也没有用。与其把心思花在护肤品、化妆品和保养品上，还不如花在健康食品上。与其整天琢磨着怎么利用各种各样的产品补充胶原蛋白，还不如通过食物多吸收一些人体所需要的蛋白质、维生素等营养物质，让身体保持健康和活力。身体健康了，人自然显得年轻，气色自然要好。

美是一种由内而外透出的感觉，你只有拥有年轻的身体，才能拥有年轻的容颜，才能显得朝气蓬勃、丽质天成，倘若身体衰老了，在皮肤上下再多的功夫又有什么用呢？你必须让自己的肌肉、骨骼、细胞都年轻，才能使整个人看起来青春貌美，而这不能单纯地借助美容产品来实现，饮食调节是不可忽视的关键一环。那么美容养颜的食物究竟有哪些呢？

粗粮

现代人食用的主食加工制作得越来越精细，虽然食物的口感越来越好了，但是这种饮食方式非常不利用美容和健康。以白米和磨得极为精细的面粉为例，它们在加工的过程中，粮食中原本含有的营养成分已经破坏殆尽了，而被磨得非常精细的淀粉被人体摄入后，很快就会转化为糖分，人体聚集了大量的糖分，对于保持身材是非常不利的，长期摄入高糖分，很有可能引发糖尿病。

适量地吃些粗粮，适度地调整一下饮食结构，不仅有助于增强体质，还有助于延缓衰老、保持体形。粗粮中富含的纤维素有助于加速肠部蠕动，还能有效清理肠道内的垃圾，将聚集在体内的毒素汇合起来，使其迅速排出体外。常吃粗粮的人，很少患有暗疮之类的皮肤病，几乎个个面色红润、容光焕发。需要注意的是，粗粮中含有大量的膳食纤维和植酸，不宜大量食用，因为这两类物质会阻碍机体吸收钙、铁等矿物质。每天食用的粗粮最好控制在50～100克，一般情况下，食用一点全麦面包或燕麦即可，也可适度补充一些五谷杂粮，使主食种类更加丰富和多样化一些。

水果

每个人都知道吃水果对皮肤好，常吃新鲜水果的人皮肤通常都是水水嫩嫩、白里透红的，这是因为水果中含有的营养成分具有良好驻颜作用。以苹果为例，它虽然是一种比较常见的水果，但却素有水果皇后的美称。苹果中含有有机酸和各种维生素，对于营养肌肤具有非常积极的作用。此外苹果中还富含铜、碘、锌等微量元素，可有效补充人体所需的营养元素，使皮肤变得光滑细腻。此外，苹果含有大量粗纤维，在胃中消化比较慢，能使人产生饱腹感，所以在一定程度上能起到减肥的作用。

养颜的水果有很多种，除了苹果外，最广为人知的恐怕要算荔枝了。荔枝含有丰富的维生素，可有效提升皮肤抗氧化的能力，具有祛斑美容、光洁肌肤的作用。古诗有云："日啖荔枝三百颗，不辞长作岭南人。"足见人们对荔枝的喜爱。荔枝虽有极好的美容功效但不可多食，"日啖荔枝三百颗"只是一种夸张的说法，科学的食用方式是每次吃荔枝不要超过 10 粒，每周最好不要超过 3 次。

绿色蔬菜

想要拥有光洁靓丽的肌肤的人们，平时都非常热衷于往脸上涂抹一层又一层的纯植物营养液，其实这么做都是治标不治本，大部分营养液只能抵达皮肤表层，根本就不能渗透到皮肤深层。与其沉迷于什么纯植物精华的营养液，还不如食补，多吃一些有益于皮肤健康的绿色新鲜蔬菜。

胡萝卜素有"皮肤食品"的美誉，它富含的果胶物质，与汞结合后，可起到良好的排毒作用，能使皮肤红润细腻。黄瓜含有丰富的维生素和果酸，能有效消除雀斑、晒伤，起到提亮肤色和美白的作用，它称得上是最传统的天然美容养颜食品。冬瓜含有镁、锌等微量元素，前者让人精神饱满、神采奕奕，后者能促进人体的生长发育，多吃冬瓜可使皮肤白皙细腻，面色呈现出健康的红润。西红柿含有番茄素、维生素 C 等天然抗氧化剂，能有效减少黑色素的形成，达到极好的美颜效果。

坚果

许多坚果的果仁中都含有丰富的维生素 E，比如核桃、榛子、松子等，都含有这种天然抗氧化剂，能有效防止老年斑的形成，还能起到促进细胞分裂再生，延缓衰老，帮助皮肤恢复弹性的作用。此外果仁中含有的多种维生素、氨基酸及微量元素，能有效促进毛发生长，对于防止脱发早衰具有良好的作用。

自然养发，轻松拥有如云乌发

克劳迪娅是个非常漂亮端庄的女孩，她有一双清澈迷人的蓝眼睛，还有一头乌黑的秀发，皮肤白皙细腻，仿佛瓷娃娃一样，具有让人一见倾心的魅力。可是最近不知道怎么回事，她的头发变得越来越少，每次梳头、洗头，都会有大把的头发脱落。她以为自己得了什么怪病，可是去了好几家医院，都没有发现身体有什么异样。无奈之余，她只好花大价钱购买生发产品，试了一款又一款最新上市的产品，可惜全都不好用。

自从头发变得稀疏以后，克劳迪娅整个人的气质都改变了，她不再像以前那样自信了，且明显地感觉到男友对待自己的态度已经越来越冷淡了。尽管谁都没有开口提头发的事，不过她已经意识到两个人之间出现了裂痕，再也不能回到从前了。有一天她忍不住开口道："你喜欢的是我的头发，还是我的整个人？"男友很直白地说："我之所以会对你一见钟情，是因为被你那头美丽的秀发吸引了。"克劳迪娅抿着嘴说："好吧，我明白了，我现在跟以前不一样了，我不再是那个拥有一头美丽秀发的女孩了，所以你对我的感觉完全变了对不对？"

男友没有回答，克劳迪娅知道他已经默认了，于是主动地提出了分手。从此以后，她再也没有信心谈恋爱了，因为她害怕同样的事情再次发生。

头发对于人的容貌能起到极大的修饰作用，几乎每一个年轻漂亮的女孩都拥有一头乌黑靓丽的秀发，长发飘飘的形象一直都是高颜值美女的典型特征之一。古代的女子每日都要"当窗理云鬓"，花在梳理秀发上的时间恐怕要比涂抹胭脂水粉的时间还要长。现代女性虽然在妆容上追求简洁干练，不再喜欢繁复的发型，但是仍以拥有一头飘逸的长发为美。

其实男人也一样，头发茂盛的男人总比头发稀疏的男人看起来要年轻英俊，女人的衰老是从皮肤开始，而男人的衰老则是从头发开始，一个男人发际线不断增高，最后形成了地中海式发型，表明他已经年华老去，不再是原来的英俊小生了。

头发无论对于男人还是女人都是非常重要的，可惜在现代社会中，拥有完美秀发的人越来越少了。虽然人们非常热衷于往头发上涂抹护发素、精华素，每隔一段时间店都会去理发店对头发做一次特别的保养，但是仍然阻止不了掉发、脱发现象的发生。很多人年纪轻轻，头发就变得干枯、毛糙、没有光泽，更糟糕的是越来越稀疏，大有未老先衰之势。其实之所以会出现这样的结果，除了因为精神压力太大，频繁地染发、烫发以外，主要是因为错误的护发方式引起的。

有的人认为护发最重要的是保持头发的清洁，于是每天都要洗头。其实这样做是非常伤头发的。频繁洗头本身就会造成脱发，倘若你的头发非常不柔顺，发质过于毛糙，而你本人为了把头发洗得更干净，每次洗发时都会用力抓挠头皮和拉扯头发，这样非常容易造成断发、脱发。此外，头发洗得太勤，会把头发上的天然油脂洗掉，将附着在发丝上的保护膜毁坏殆尽，这是有悖于头发养护的常识的。洗发水中含有化学物质，超量频繁使用，必然会对头发造成损伤。

也许你认为洗发水是专门用来清洁污垢和养发护发的，不可能对头发产生负面影响。假如你持有这样的观点的话，我们不妨来看看不使用人工洗发水会怎样。国外有一位母亲，坚持用清水给自己的孩子们洗头，结果每个孩子的发色都比同龄人更健康一些。而中国的傣族每次洗头都使用淘米水，从不使用洗发水，结果他们到了 60 多岁，很多人的头发依旧乌黑发亮。这足以说明人工洗发水对头发的损害了。

当然完全不使用人工洗发水是不可能的，它虽然算不上是完美的洗发产品，但是确实能起到很好的去污清洁作用，是我们日常生活中必不可少的一样物品。我们所能做到的是不去每天洗头，这样就可以有效减少洗发水的用量，更多地保留发丝上的天然油脂，避免头发发质受损。还有一点值得注意，那就是不能频繁更换洗发护发的产品。因为不用品牌的产品含有的成分不同，有的对头皮正常菌群起到促进作用，有的则起到抑制作用，太过频繁地更换洗发和护发产品，必然要导致正常菌群失调，进而引发炎症，危害头皮和头发健康。

不少人使用护发素时，喜欢将其涂抹在发根上，以为这样做能使头发更加滋润，其实不然，护发素中的化学物质一旦碰到头皮，就很容易渗入并阻塞毛囊，这对于头皮保养是非常不利的。也许有人会觉得平时护发只要养护好头发就可以了，何必太过介意头皮是不是适应呢？头皮应该没有那么娇嫩和脆弱吧？此言差矣。正所谓"皮之不存毛将焉附？"头皮之于头发是非常重要的，头皮保养不好，便不可能拥有一头无懈可击的秀发。科学的使用护发素的方法是，将护发素涂抹到距离发根 2 厘米以上的位置，坚决不让它接触到头皮。

有的人认为，涂抹完护发素以后，不用清水冲洗干净，有意残留一些护发素，能使头发更加光亮润泽，事实却并非如此。残留的护发素一旦沾上灰尘，就会粘在头皮上阻塞毛囊，所以用完护发素之后一定要洗净。总之，再贵的洗发、护发产品都不如健康自然的养发方法，只要护理得当，你即能拥有一头健康靓丽的乌发，瞬间就能提升自己的个人形象。

拥有高颜值的简单秘诀：学会定期给情绪排毒

两年前，桑迪失业了，情感生活也出现了问题，原本和谐宁静的生活被彻底打破了，为此她感到无比抑郁。由于负面情绪长期得不到宣泄，她的心情越来越糟糕，精神状态也越来越差，身体也在悄然发生变化。她的眼下出现了浓重的黑眼圈，眼周出现了好几条明显的细纹，脸上的小痘痘层出不穷，面色黯淡无光，双目失神，整个人看起来好像瞬间衰老了好几岁。

姐姐看到她这个样子，还以为是她疏于保养所致，于是给了她一笔钱，叫她到美容院做皮肤护理。桑迪虽然经常光顾美容院，但皮肤丝毫没有得到改善。她的衰老是由内而外发生的，简单的皮肤护理已经不能挽回什么了，恶劣的心情和糟糕的心境已经彻底摧毁了她，使年仅26岁的她看起来像30多岁，这也许就是相由心生的极致表现吧。

如今，由于社会节奏太快，工作生活压力太大，很多青年男女都出现了未老先衰现象，不少轻熟女本该有着如花似玉的容颜，却不知不觉熬成了黄脸婆；不少本来风华正茂的男子恍然间就变成了头发稀疏、大腹便便的中年大叔。无论男人还是女人，一旦有了衰老的迹象，任何美容产品都回天乏术了。想要避免这种事情发生在自己身上，你必须弄清人之所以会迅速衰老的原因。

什么力量能快速催人老？岁月对人容貌的雕琢是一个缓慢的过程，

除了患上罕见病以外，几乎没有人会瞬间老去。能让人迅速老去的其实唯有一种力量，那就是心情。在这个世界上，没有什么比糟糕的心情更具摧毁力了，一个心态灰暗、陡然老去的女人即使涂抹再多的脂粉，也掩饰不住满脸的憔悴；一个抑郁难抒、老气横秋的男人，即使穿上再高档的西装，装扮得再年轻，也掩饰不住面貌的沧桑。

一个人的老化是从心灵开始的，拥有年轻的心灵，即便进入了暮年，仍显年轻；心灵提前衰老了，年轻的肉体也会随之衰老，因为所谓的相由心生指的并不是抽象的气质，而是人的真实容貌。负面情绪不仅会摧残人的身体健康，而且会引起身体内分泌失调，影响细胞正常的新陈代谢，进而导致容貌过早衰老。所以心理美容要比化妆品美容更具意义。

仔细观察你会发现心情愉快的人，往往精神饱满、容光焕发，即使不对自己的外貌做任何修饰，一样显得光彩照人。这足以说明心情和颜值有着极为密切的关联。想要让自己变美变年轻，第一件要做到的事情就是保持心情愉悦，因为只有心中"万里无云"，你的脸上才能"阳光灿烂"，微笑的时候即使不能倾国倾城，却也有"笑靥如花"的美感。好心情是最佳美容品，你若天天拥有阳光心态，即便没有在美容产品上花费多少真金白银，一样显得年轻靓丽。

我们知道心情跟人的容貌有着密不可分的关系，问题在于人有喜怒哀乐，谁都有心情不好的时候，谁都有焦躁不安、抑郁难平的时候，这可怎么办呢？难道任由这些负面情绪蚕食自己的容貌吗？当然不是。所谓凡夫俗子，没有人能真正做到心如止水，情绪偶尔出现起伏变化是一件非常正常的事，但长期如此，心情经常大起大落或者长时间抑郁愤懑就不正常了。遇到这种情况，我们必须学会给情绪排毒。

排解负面情绪的第一条途径是哭泣。感到悲不自胜的时候，痛痛快快地大哭一场，比悲悲戚戚地自怜自伤要好得多。人在产生负面情绪时，机体会分泌出有害化学物质，眼泪能将这些有害的化学物质排出体外，起到舒缓情绪的作用。这就是为什么人在痛哭一场之后，心情会感到格外放松的根本原因。

相对而言，女性哭泣的次数要比男性频繁，女人忧伤的时候，通常会泪眼婆娑或是珠泪涟涟，看起来楚楚可怜。哭是女人驻颜的秘密武器，但是若像林妹妹那样总是临风而泣就不可取了，因为任何事情都是过则为灾，哭多了眼睛会红肿，过度哀哭还会加剧人的忧伤情绪，所以哭也要适度才好。

男人自成年之后，基本上都是"有泪不轻弹"，所以有害的化学物质长期聚集在体内无法及时排出，这对于机体健康是非常不利的。

排解负面情绪的第二条途径是对外倾诉。倾诉是最实用的情感宣泄方式，在国外存在许多大大小小的心灵疗愈小组，小组是由有着相似情感经历和情感创伤的人组成的，相聚一堂的时候，每个人都有机会向别人讲述自己的故事、陈述目前的感受，通过这种方式，人们互相鼓励互相慰藉，慢慢地就从心理阴影中挣脱出来了。我国并不存在这样的组织，所以我们比较倾向于向家人、朋友倾诉，有时候家人或朋友并不了解我们的真实感受，但是能给予我们很多关怀和鼓励，帮助我们从泥潭中一步步走出来。总之，当我们凭借一己之力无法应对负面情绪时，可以敞开心扉向信赖的人抒发情绪，将所有的不快淋漓尽致地倾吐出来，对于改善情绪大有帮助。

排解负面情绪的第三条途径是运动。运动有助于排解不良心绪已然成为一种常识，人们心情不好时通常会跑到健身房大汗淋漓锻炼数小时或者到户外气喘吁吁地长跑数里，以为痛痛快快地出一身大汗，所有的不良情绪都能被释放出来。然而事实并非如此，研究表明，剧烈运动会加速机体血液循环，加速大脑神经运动，加剧情绪波动，进而加深抑郁情绪。大量实践证明，剧烈运动无助于改善情绪，调节心情不能从事剧烈运动，而要进行舒缓的运动。心情不佳时，不妨试试做健身操、散步、打太极拳、跳交谊舞等相对比较缓和的、运动量较小的且带有怡情或娱乐色彩的运动。

排解负面情绪的第四条途径是晒太阳。心理学研究表明，缺少阳光照射的人比较容易患上抑郁症。阳光能刺激人体分泌减压激素，舒缓人的情绪。多晒晒太阳，适度地进行一下阳光浴，对于调整负面情绪是很有帮助的。需要注意的是晒太阳之前，最好往脸上和其他暴露在外的皮肤上涂抹上防晒霜，以免被阳光灼伤，不要选择日照最强烈的时段晒太阳，要避开中午 11 点～下午 3 点的时间段，选择日常比较温和的时候外出沐浴阳光，让暖融融的阳光陪伴你度过一段静美的时光，你的心境也将变得明朗温暖起来。

好皮肤是睡出来的，任何美容品都比不上优质睡眠

艾比是一家大型企业的高管，平时工作非常忙，经常加班加点地工作，把开夜车当成了家常便饭。有时不需要加班，偶尔有了充裕的放松时间，本可早睡，可她一点睡意都没有，不到凌晨就睡不着。无奈，她只好靠上网浏览新闻或追剧打发时间，等到自己又困又乏，疲倦至极，再上床睡觉。

由于长年累月地熬夜，艾比整个人看起来比同龄人要老好几岁。她只有 27 岁，本该享有大好的青春，却因为被剥夺了正常的睡眠，提前衰老了。每次出席 Party 时，人们都把她当成了 30 多岁的成熟女人，环绕在她身边的宾客在挑选词汇夸赞她时，频繁使用成熟、有风韵、有气质几个词，而同龄的女孩子得到的却是迷人、漂亮、年轻、光彩照人

等等之类的褒奖，从别人的态度中，她明显感到自己韶华已逝，每每想来都不免有些忧伤。这么多年来，她从一个不谙世事的小女孩华丽蜕变成了精明干练的独立女性，承受了别人承受不了的压力，成为了职场里的一匹黑马，她一直为自己感到骄傲，然而谁又知道光鲜的背后有过多少辛酸呢，谁又知道取得今天的成就她付出了多高的代价，她赔上的是自己的青春，而这是成就和金钱永远也换不来的。

如今，无论是像老黄牛那样勤勤恳恳，把加班当成常态的工作狂，还是每天悠哉乐哉，喜欢夜生活的"夜猫子"，都面临着一个共同的问题，那就是由于长期熬夜，黑眼圈、鱼尾纹、色斑和痘痘陆陆续续地找上了自己，使本该年轻细嫩的肌肤瞬间衰老了好几岁。有些人从未重视过睡眠，动辄便熬通宵，皮肤出了问题，再抹护肤品补救，以为买了祛痘祛斑、去除细纹或黑眼圈的美容产品，便真能瞬间解决所有问题，但事实却不是这样。护肤品并没有那么神奇的功效，无论你愿意在护肤品上花费多少钱，都买不回因熬夜逝去的青春。

英国诗人拜伦曾经说过："早睡早起最能使美丽的脸鲜艳，并降低胭脂的价钱——至少几个冬天。"事实上，再贵的胭脂也抵不上一晚精致的睡眠。再美的妆容终归是要卸去的，经常熬夜的人一旦卸了妆，肌肤就会露出粗糙的原貌。不可否认的是，充足的睡眠是最有效的美容灵药，所以才有"睡美人"和"美容觉"之说。

人的一生中，约有三分之一的时间是在睡眠中度过的。睡眠能调节人的生理功能，使劳损了一天的机体得到充分修复。缺乏睡眠不仅会使人精力不济，还会严重损害人的身体健康，促使身体过早地衰老。通常习惯熬夜的人都会两眼布满血丝，皮肤暗沉干涩，面部皱纹密布，整个人呈现出疲倦的老态。而睡眠充足的人，大脑和机体都得到了充分的休息，一觉醒来往往神清气爽，通常看起来肤色红润健康，有一种朝气蓬勃、精神焕发的感觉。

睡眠不足还有一个害处，那就是让身材走样。少睡的人通常都比较容易发胖。这是因为深夜疲倦劳累的时候，人们往往喜欢吃高热量的食品（比如巧克力、甜饼干等）补充能量，而晚上人体的新陈代谢又比较缓慢，聚集在体内的能量不容易被消耗，进而便转化成了脂肪，脂肪囤积到大腿、腹部、臀部，便形成了赘肉。也就是说睡得少，你会吸收更多多余的卡路里，长出更多的肥肉，要想保持好身材，必须要让自己睡个好觉。既然睡眠对一个人这么重要，那么怎样才能拥有高质量的睡眠呢？

1. 养成早睡早起的好习惯，就寝时间最好不要超过晚上 10 点

晚上 10 点到次日凌晨两点，被称为美容觉的时间，这个时间段对于皮肤保养非常重要，如果你想拥有好皮肤，就不要总是熬夜，到了晚上 10 点最好上床休息，保证自己拥有 8 小时的精致睡眠。睡眠时间的长度很重要，睡眠质量更重要，睡得深沉、睡得香甜要比睡得久更解乏，也更有利于皮肤保养。人只有进入深度睡眠时，肌肤才能进行正常的自我修复，深度睡眠所占时间的比例越大，你的气色就会更好，所以从某种意义上说，优质睡眠比充足的睡眠更加重要。

2. 睡前不要多思

很多人白天忧心忡忡，到了入睡前依旧心事重重，这样很容易引发睡眠障碍。想要快速入睡，必须杜绝胡思乱想，让自己的心灵和大脑处于真正的休息状态，如此才能正常进入睡眠状态。

3. 适度克制欲望，为心灵减负

出现睡眠问题，大部分是因为精神压力过大引起的。这种压力可能是外界带给你的，也可能是你强加给自己的，当能力支撑不了野心的时候，压力便会陡然剧增。适度地节制欲望，压力就会相应地减少，当你拥有一颗平常心的时候，人生中的大部分烦恼都将消失于无形，到那时你就不会因为过度焦虑而睡不着了。

4. 采用各种方法来促进睡眠

洗热水澡、用热水泡脚、喝一杯热牛奶，都是不错的促进睡眠的方法。需要注意的是睡前半小时不要洗热水澡，因为洗热水澡在加速血液循环的同时，会使人体的温度快速升高，进而抑制大脑分泌负责诱导睡眠的褪黑色素，正确的做法是在临睡前一个半小时舒舒服服地洗一个热水澡，让自己从头到脚放松下来，慢慢进入睡眠状态。

热水泡脚能促进脚底的血管扩张，既能解乏，又能舒缓压力，使脚部自然发热，起到促进睡眠的作用。不少人喜欢用滚烫的热水泡脚，在天冷的日子里泡脚的热水水温更高，这样做是不科学的，水温过高很可能烫伤皮肤，对身体的坏处大于好处。泡脚的水温以 40 度为宜，最好不要超过 45 度。

睡前喝杯热牛奶，能有效促进睡眠。牛奶中含有一种叫作色氨酸的促进睡眠的物质，易于早醒或有睡眠障碍的人临睡一小时之前喝杯热牛奶，有助于提高睡眠的质量。需要注意的是，牛奶饮用量不要过多，以免起夜，影响睡眠的时间和质量。

极简瘦身法则：用健康的方式慢慢甩掉脂肪

索菲娅身高 168 厘米，体重却达到了 200 多磅，肥胖的躯体给她的生活带来了无穷无尽的苦恼。因为过于丰满，她从小就受人嘲笑。进入少女阶段，索菲娅也有了爱美的观念，每当照镜子的时候，她看到的都是一个又高又胖的形象，完全不同于那些身材苗条的女孩，她觉得如果不能成功瘦下来，自己恐怕一辈子都与美无缘了，毕竟好看的衣服她全都穿不上，臃肿的身躯显得又蠢又笨。她下定决心要减肥，发誓无论付出什么样的代价都要把身上的赘肉甩下来。

她先后尝试过好几种减肥药，确实有一些效果。但是服用了之后，产生了一系列副作用，比如口干、头昏头痛、晚上睡不着觉。她太想瘦下来了，所以即使身体极度不适，仍然在坚持服用减肥药。直到有一天，她感到非常难受，实在忍受不了药物对身体的摧残了，才开始停止服药。她终于意识到自己必须在健康和速效减肥之间做出抉择，而没有了身体健康一切都是零，痛定思痛以后，她放弃了药物减肥的方法，开始寻求更健康的减肥方式——运动减肥。

在这个骨感美流行的时代，人人都想拥有苗条匀称的完美身材，于是减肥就成了一项席卷全球的时尚运动。女人希望自己拥有曼妙的身姿，不少人为自己的蝴蝶袖和大象腿发愁，男人希望自己高高瘦瘦、玉树临风、俊朗潇洒，时而为自己凸起的肚腩和过于粗壮浑圆的臂膀感到尴尬。

瘦成了美的代名词，似乎大多数人都相信一瘦便可以遮百丑，很多减肥达人在瘦下来之前相貌都比较平庸，且看起来臃肿笨拙，但疯狂甩掉几十斤肥肉以后，居然全都变成了美女帅哥，人们不禁惊呼原来胖子都是潜力股，于是更加狂热地参与到了减肥运动当中。在这个做任何事情都求快的时代，少有人将减肥当成终生事业来追求，人们都希望一夜暴瘦，渴望一个星期之内由脂肪成堆的大胖子变成走路摇曳生姿的大美人，所以各种减肥速效药、减肥瘦身汤流行起来，经济条件比较好的，则会直接选择吸脂手术。

服用减肥药或多或少都会有些副作用，比如吃了减肥药以后，如厕比以前更加频繁，胃口突然变差，食欲大减，如果控制不当，很有可能诱发厌食症。减肥瘦身汤基本都是由水果、蔬菜做成的，虽没有明显的副作用，但瘦下来之后恢复正常饮食，很容易出现反弹。吸脂减肥术，容易造成皮肤松弛，导致皮肤弹性变差。超级肥胖者在进行完吸脂手术之后，通常还要进行一次去除多余皮肤的手术。那么世界上究竟有没有一种无创伤无痛苦，没有任何副作用，又不会反弹的减肥方式呢？当然有，方法主要有三种：它们分别为运动减肥法、饮食减肥法和喝水减肥法。

运动减肥法

大多数有氧运动，对于减掉脂肪都具有明显的作用，比如球类运动，仔细观察你会发现，热衷于打球的人通常身材比较匀称削瘦，这说明打球能消耗不少脂肪。如今很多国人和国外的肥胖患者都把各种球类运动当成了减肥的灵丹妙药。

也许你觉得运动减肥效果太慢，你没有耐心慢慢等待，宁愿服用减肥药或者尝试各种减肥瘦身汤，当然很多人都是这么想的，所以坚持运动减肥的人并不多。其实速效减肥对人的身体健康伤害很大，仔细了解一下好莱坞演员的减肥经历，你就会明白短时间内暴瘦要付出的代价是什么。很多敬业的演员，为了诠释好某个角色，被迫在短期内减掉数十磅的体重，结果身体出现了很多问题，日后需要漫长的时间恢复健康，这种疯狂的减肥方式给部分演员的身体造成了永久性的伤害，而他们整个减肥的过程全都是在专业营养师或医生的指导下完成的。

普通人在对健康知识了解甚少又没有专业人员指导的情况下，减肥追求速效，其后果是非常可怕的。减肥应该是一个循序渐进的过程，任何速效的减肥方式都是违反自然的，比起其他减肥方式，运动减肥法是最保守最安全也是最为有效的减肥方式之一，你如果既想拥有健康的身体，又想达到减肥的目的，不妨试试这种方法。

饮食减肥法

饮食减肥和节食是两种截然不同的概念，节食提倡的是最大限度地控制食量和食欲，是以损害身体健康为代价的，而饮食减肥指的是运用科学的饮食方法达到健康减肥的目的。这种减肥方式主张吃饭只吃八分饱，不吃甜食、零食和高热量的食品，用餐时细嚼慢咽，饭后外出散步，以自然健康的方式减掉多余脂肪和赘肉。

很多人为了减肥，在饮食上非常讲究，几乎把所有有可能囤积脂肪的食品都杜绝在外了，但是由于生活节奏太快，吃饭过分讲求速度，餐餐都是在短短几分钟之内解决的，这样做不仅不利用消化，而且还会无形中增大了食量。细嚼慢咽能增强人的饱腹感，阻止你吞下多余的食物，对于你保持身材是非常有好处的。仔细回忆一下快食和慢食的经历吧，你风卷残云吃东西的时候是不是比平时吃得更多，而悠闲地慢慢品尝菜肴的时候，往往能做到点到为止，略有饱腹感就不想吃了？通过对比你应该明白，慢食比快食更有助于减肥。

吃完饭后你是不是总是久坐不动？也许你尚没有意识到这就是你腹部脂肪堆积的原因。要想拥有平坦的小腹，饭后不要总是坐着，略微消化后，不妨到附近的公园散散步，既有助于怡情养性，又有利于减肥，何乐而不为呢？

喝水减肥法

在各种减肥法，喝水减肥法是最简单的，也是最不会给人造成心理负担的一种方法。早晨吃早餐前喝杯白开水，能有效加速胃肠的蠕动，将前夜聚集在身体内的垃圾排出体外，降低肚腩出现的概率。午餐前喝水可增强饱腹感，减小胃口，起到控制食量的作用。下午在疲倦时喝水既能提神，又能降低食欲，对于那些喜欢在三餐之间随意加餐和经常用零食充饥的人尤其适用。

传统观念认为，一个人每天必须喝 8 杯水，即 2000 毫升的水，才能有效补充人体所需的水分。最近研究发现，这种观念是错误的。一个成年人一天所需的水量大约为 2000 毫升，但摄入的水分并非全都靠喝水获得，事实上我们所吃蔬菜、水果当中已经含有不少水分，计算水分的时候应该把食物里所含的水分也算进去，才算科学。正常情况下，一个成年人在食用了蔬菜、水果、鸡蛋、鱼类等食物，喝下了些许汤水之后，每天的饮水量只要达到 1000～1200 毫升就足够了，平均上午两杯，下午两杯即可。过量饮水将导致体内电解质失衡及水溶性维生素流失，对身体健康反而是不利的。专家认为，一个成年人的日饮水量决不能少于 500 毫升，也决不能超过 3000 毫升，过量饮水会给机体带来很多麻烦。

第九章 极简办公，让工作更高效

极简主义延伸到工作领域，引发了极简办公思潮。人们在被各种事务缠身，忙得不可开交，感到分身乏术时，迫切需要有一种新的工作理念横空出世，帮助大家解决眼下的难题。当下社会，上班族普遍遇到的问题是时间不够用，精力不够用，极简办公理念恰好能解决这些问题。

表面看来，大多数极简办公法则都是和时间管理息息相关的。这是因为掌握了科学的时间管理方法，确实能在一定程度上简化办公，让工作变得富有成效。但是极简办公不同于简单的时间管理，除了时间管理以外，它还涉及到精力管理、心态管理等多个层面。我们知道，任何一个人即便掌握了数十种管理时间的方法，在精力分散、状态不佳的情况下，都不可能变得高效。

真正的高效能人士不会把心力均匀地分散在多个目标任务上，也不会把精力浪费在不必要的琐事上，而会把精力投入到最有价值的事情上面，他们管住了自己的精力，把握住了时间，使自己在有限的时间内获得了巨大的产出，故而轻而易举地实现了效率的提升。

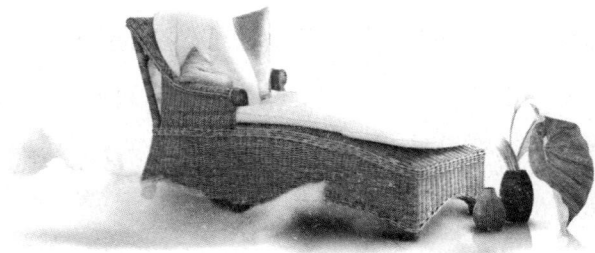

时间和精力，都要花在刀刃上

罗宾总是抱怨工作太忙，总说自己抽不出时间健身，坐在办公室里两年长了至少 20 磅的肥肉。看到别人悠闲地到海滨城市度假潜水，他就嫉妒得不得了，觉得老天不公平。有一天他又一次向同事发牢骚，恰巧被老板听见了，老板冷笑着说："等到你做事变得有效率，赶上斯密斯的百分之十，我就给你放长假。斯密斯每年都有长假，是因为他是公司里最有效率的员工，什么时候你能达到那样的水平，你也会有长假。"

罗宾听后耸耸肩说："这不公平，斯密斯是名牌大学毕业的高才生，智商比我高很多，做事当然比我有效率。"老板说："斯密斯工作有效率，不是因为比你更聪明，而是因为比你更会管理时间。以后多跟斯密斯学习，别在上班的时候浪费时间，你的工作效率至少能提高百分之十。"

尼采曾经这样解读过自己更高效更聪慧的原因，他说："我为什么这么聪明，是因为我从来没有思考过那些不是问题的问题——我没有对此浪费过精力。"不把有限的精力耗费在无意义的事情上，是高效能人士成就自己的方式。一个人管理时间的最佳方式，就是有限避免精力的浪费，这一理念体现在具体的工作中，指的是不被不必要的事情打乱自己做事的节奏，不把宝贵的时间浪费在不必要的事情上。

当你被各种事务缠身，每天忙得不可开交的时候，是否静下心来问过自己，究竟有没有更科学更合理地分配自己的精力和时间资源。尼采说，他只愿意花费精力思考有价值的问题，对于不是问题的问题连想都懒得去想。无论做什么事情，他都知道什么值得花心思去做，什么不值得浪费一秒钟，什么应该被果断抛弃，所以轻轻松松就扮演了效率达人的角色。

时间是有限的，人的精力也是有限的，如果意识不到精力的损耗，总是被无关紧要的琐事牵绊住，那么就会变得非常低效。保持时间线干净，把毫无意义的事情全部从时间表里剪除掉，是简化办公的不二法则。想想自己工作效率低下的根本原因吧。你的时间都花费在哪里了？查找资料的时候，你是否不经意间点开了购物网站；处理文件的时候，你的手机是不是每隔一段时间就会滴答作响；午休半小时之前，你是否在想着到哪里吃午饭，整个人精神恍惚、心不在焉；偶尔在工作中遇到一点挫折，你是否在暗暗叫苦，然后开始胡思乱想，思绪由工作转移到了生活、人生，不知不觉就开始无病呻吟……

千万不要觉得这些都是小事，也不要天真地以为它们不会过多地损耗你的精力，浪费你的时间，事实上你的时间和精力就是被这些不起眼的小事占用了。也许你会说做这些事情根本就没有花多少时间呀，每天工作八小时，不可能一直保持满血奋战的状态，期间做点别的事情，可以放松一下神经，转换一下脑筋，究竟有何不可呢？问题是，在上班时间购物、玩手机、天马行空地胡思乱想并不是一种转换脑筋的方式，这些事情都是毫无意义的，根本就不应该占用办公时间。

当你把精力转移到一些没用的琐事上时，想要把思绪重新拉回来，再次进入专心的状态，往往需要花费更长的时间。举个简单的例子来说，假如你上午花了 20 分钟浏览购物网站，等到把目光从购物网站移开，重新投入工作，进入正常的状态，至少要花费半小时以上的时间。假如你的精神状态过于涣散，有可能整个上午都被浪费掉了。

避免精力被损耗的唯一方法就是坚决不做无意义的事，坚决不做与工作无关的事，一秒钟都不要浪费。不要以为偶尔聊聊微信、刷刷微博没有关系，这些事情在占用你的时间的同时，还在稀释你的精力，也许你浪费的时间累积相加不足一小时，但被稀释的精力却是难以估量的。你开了一小时的差，很有可能会导致全天工作无效，这是相当可怕的。

时间管理的本质是对精力的管理，把精力分配好是提高效率的关键。不要让自己的精力被无谓的事情分散掉，一定要把时间和精力全都花在刀刃上。如果你控制不了网购的冲动，就把淘宝、京东等购物网站设置成受限站点，如果你是一个十足的手机控，总想时不时地查看一下手机，就把手机设置成飞行模式，关掉 SIM 卡的信号收发。上班时间，理应只关注最有价值的事情——工作，其余的事情完全可以安排到业余时间来做。

也许你会说，八小时像机器一样不间断地工作，岂不是要把自己物化成机器？机器向来比人高效，但没有任何一位工作者梦想着把自己变成一架高效运转的完美机器。分散精力做与工作无关的事情固然不对，但要分分秒秒都关注工作，把自己的每一分精力都花费在工作上也是不现实的。你可以根据自身的情况和实际需要设计人性化的工作模式，但前提是不去浪费宝贵的时间。不妨拿一张白纸，写下自己每天消耗时间的情况，审查一下自己的精力都花费到了哪些事情上，弄清"集中精力高效工作""浪费时间做无意义的事""真正的休息"各自所占的比例，尽量减少第二项的内容，当然，最理想的工作模式是将这一部分内容降到无限接近零的水平。

一次只做一件事，并做到最好

纽约的中央车站人来人往，异常繁忙，每一天那里都人头攒动，景象好不热闹。匆匆忙忙的旅客都在争着询问问题，每个人都在等待问询处的服务人员马上给自己答案。在问询处工作，几乎一刻也闲不下来，工作人员所承受的压力是可想而知的。奇怪的是，有位年轻的服务人员总是不慌不忙、镇定自若，情绪似乎一点都没有受到外面环境的影响。

前面有个妇人，满脸汗水，头上的丝巾都湿透了，眼神里充满了焦虑，显得非常着急。年轻的服务人员用平静的语气问："你想要问什么？"妇人还没有开口说话，有位提着皮箱的男子试图插话，这名服务人员就好像什么也没有听到一样，继续问那位妇人："请问你想要去哪里？"妇人马上回答说："春田。""你指的是俄亥俄州的春田吗？"服务人员又问。妇人说："不是，是马萨诸塞州的春田。"服务人员接着说："你乘坐的列车10分钟之内就到站了，它在15号月台出车。你不用着急，时间还来得及。"

"你刚才说的是15号月台吗？"妇人想再次确认一下。"是的，是15号月台。"服务人员耐心地重复道。妇人离开之后，他立即将耐心和全部注意力转移到了下一个旅客身上，即那名提着箱子插话的男人身上。但没过多久，那名妇人又折返回来了，又来询问月台号码。她扬起脸问："请问，你刚才说的是15号月台吗？"服务人员没有理会她，继续跟下一位旅客说话，妇人只好失望地走开了。

有人问那名服务人员："你每天要接待那么多旅客，需要回答那么多问题，是怎么保持冷静的呢？"那名服务人员回答说："我每次只为一位旅客服务，每次只回答一个人的问题，所以我并不认为自己是跟很多人打交道。"

每次只做一件事是做事高效的关键。许多人认为多线并行的工作方式能更有效地利用时间，实际上却不是这样。人的精力有限，脑力有限，你不可能在同一个时间段内高质量地完成好几项工作任务，过分贪婪，过分贪求速度，只会适得其反，不但会让自己的效率变得更低，而且还会影响到工作品质。

如果你非常热衷于多线工作，并且觉得自己同时处理好几件事的状态和只专注于一件事没什么两样，那么在所有的事情全部做完以后，不妨检查一下自己的工作成果。到时你会发现任何一件事你都没有做到最好，它们只是在仓促状态下草草完成的，很像小学生的信笔涂鸦，连及格都谈不上，距离完美就更远了。

也许你会说，多线工作虽然在一定程度上影响了工作质量，但办事效率提升了，这种工作方式可以让人在最短的时间内完成最多的事，不管怎么说，它还是有可取之处的。其实这不过是你的错觉罢了。每次只专注于一件事，累计相加的时间并不会比多线完成几项任务花费的时间更多，因为完成单项任务没有心理负担，也没有压力，符合极简办公法则，效率往往要比多线并行工作高得多。这就好像服务生一次只为一位顾客服务一样，总显得那么游刃有余、有条不紊，即使已经接待了十几位顾客，也不会感到过于忙乱。倘若强求服务生同时为十几名顾客服务，场面一定非常混乱。

一个人之所以工作效率不高，不是因为单位时间内所办的事情太少，而是因为贪多贪快，使得工作缺乏秩序，过于混乱。事实证明，单项完成工作任务效率往往更高。与其手忙脚乱地同时处理好几件事情，不如一时一事，将工作简化到极致。也许你会说一时一事在实际工作中很难实现，假如好几位客户都希望尽快得到回复，只有多线并行工作，同时跟多个客户在线交谈，才能让所有客户满意，迟些做出答复，一定会有客户感到不满意。

其实不然，你可以一次只为一名客户服务，言简意赅地做出答复后，再为下一名客户服务。同时给数名客户回复，往往会令人应接不暇，措辞往往会过于冰冷生硬，无法让客户感觉到自己的诚意，与其如此，还不如一次只为一个客户服务，让每一个得到答复的客户都满意。

也许你又会说如果有好几项工作同时被推到自己面前，它们都很紧急，必须在短时间内全部处理完毕，那么一时一事的极简办公原则还能成立吗？答案是成立。无论多么紧急的事情都必须一件件处理完，这就好比路要一步步走，饭要一口口吃一样，着急是没有用的。不要试图将一件事情做到一半，就去做其他事情，如此一天结束后，你可能连一件事情都没处理完，所有的事情都半途而废了，那样做反而会误事。

有些人在工作中遇到困难时，往往会暂时停止手头的工作，处理下一件事情，工作中再次遇到阻力时，又会转向其他工作，这种做法是非常不可取的。无论做任何事情都要善始善终，不能虎头蛇尾。一次只做一件事，就一定要把这件事情完成并做好，不要频繁地更换工作内容。

有的人或许认为，做事就好比答题，遇到难的题目，必须学会放弃，把时间和精力放到相对比较容易的题目上，这样才能获得高分。如果强求自己必须把难题做完才能做其他的题目，那么必然会因为多数题目没有做完而失分。乍一听去似乎有些道理，仔细分析一下，你会发现这种说法其实根本经不起推敲。你可以根据实际需要决定做事的优先次序，没必要先从最难的事情入手，就像答题不必按顺序解答一样。

遇到阻力便中途放弃，每一件事情都不肯做完，还不如将所有的时间和精力全部花费在一件事情上，把自己能做到的事情做好做完。与其同时推进多项工作，留给自己一大堆未完成待完成的工作任务，还不如认认真真地做好一项工作，把事情做得滴水不漏、无可挑剔。

挽救分散的注意力，找回被浪费的时间

罗伯特最近很烦，他最敬爱的哥哥远走他乡到另一座城市谋求发展去了，女友为了得到更好的工作也弃他而去了。一时间，他失去了生命

中两个最重要的人，心里空荡荡的，感觉似乎有一种无形的力量把自己的精气神从身体抽离了。他没有心情做任何事，尤其不愿面对工作上的事情，有人劝他辞掉工作，等到状态转好再找一份新工作。他也想过要这么做，可是转念一想如今全球经济都不景气，工作不好找，还是先挨过这段黑暗的岁月再说吧。

每天来到办公室，罗伯特就感到无比压抑，工作不到十分钟心绪就飘远了。父母离异后，他曾和哥哥相依为命，从小到大他们几乎没有分开过，而今两人天各一方，他着实感到不适应。如果女友能留下来陪伴自己，或许他还能感觉心里好过点，现在女友也走了，他只剩下了孤零零一个人，以后的岁月要怎样度过？他一会儿想女友，一会儿想哥哥，脑海里乱极了，该做的工作一点都没做。

一个星期过去了，罗伯特依然没有做出一项成熟的策划案，他甚至连开头都没写好。上司急了，没好气地说："我再给你一个星期时间，如果你还拿不出像样的方案来，以后就不用来上班了。我的忍耐是有限度的，趁我的耐心没被耗光之前，赶紧开足马力工作，一刻也别耽搁。"

罗伯特当然也想开足马力工作，也想在一个星期内赶出一份方案，但是他始终做不到。以前他读过很多有关时间管理方面的书籍，也亲自践行过里面的方法，确实在一定程度上提高了自己的工作效率。可如今这些方法似乎全都失灵了，他就像一个被击倒在地的拳击手一样，感到绝望无助，已经没有信心再战一个回合了。

很多上班族工作效率低下，总觉得时间不够用，不是因为能力不足、力不从心，而是因为在从事一项工作时，总是心不在焉，注意力不集中。注意力涣散，意味着大把大把的时间无形中被盗走了。你时不时地发一次呆，半个小时就过去了，一天发几次呆，临近下班时间，恐怕大部分工作都没能及时处理完。这样的结果一定不是你想要的。

人们在提及时间管理的概念时，首先想到的是各种时间管理的技巧，却没有意识到时间管理不仅跟利用时间的方式有关，还与人的精神状态和心理状态有关。所谓的高效能人士其实并未掌握太多的时间管理技巧，他们之所以能充分利用好 8 小时的工作时间，主要是因为能够心无旁骛、专心致志地对待自己的本职工作。

想要奉行极简办公的理念，用最简单的方式提高自己的办事效率，首先要做到心态极简。工作时间什么都不要想，全身心地投入到自己所从事的事情上，把自己的状态调整到最佳，效率自然会很高。当然要做到这一点并不容易，我们并不是一部高速运转的机器，作为一个有思想有感情有情绪的人，我们可能会因为各种各样的事情分心，生活中的烦恼、家里的私事或者是情感上的困惑，都有可能把我们的注意力夺走，使我们的思考方式和工作方式变得碎片化。

你是否有过这样的体验：在工作时间总忍不住胡思乱想，思绪就像一只上蹿下跳的猴子一样，搅得你心绪不宁。你多次设法集中注意力，一次次把思绪拉了回来，没过多久又走神了，不知不觉一天就过去了，结果自己什么也没有干成。也许有时候你很想终止某个想法，可是越是告诫自己不要想，越忍不住去想，结果大脑的整个空间都被那个恼人的想法占据了。比如你警告自己不要想象粉红色的大象，必须马上集中精力努力工作，过不了多久，脑海里边会铺满粉红色大象的画面。这是心理暗示在起作用。

如果在某一阶段，你常常在办公时间分心，千万不要再给自己不良暗示。不要总想着自己如何注意力不集中，如何效率低下，如何胡思乱想浪费时间，也不要用恶劣的语气给自己下最后通牒，而要尽快想办法把自己的思绪拉回到日常工作中。假如你的思绪经常被打断，已经影响到了正常工作，你首先要做的不是咒骂自己，而是运用更好的方法来疏导自己的不良心绪。

不妨在一天之中专门设定一个处理焦虑、愁闷等不良心绪的时间，这个时间段最好设置在午休时间，这样做既不占用工作时间，又能疏导负面情绪，可谓是一举双得。此外要学会给自己减压，不要把目前的状态看得太糟糕，发现自己走神的时候，把自己的思绪及时拉回来就可以了，千万不要过度自责，因为你处理自责、懊悔等负面情绪，往往要花费更多的时间。

心绪烦乱的时候，你有可能一整天都不在工作状态，在这种情形下，你很难把自己的注意力专注到目前的工作上，遇到这种情况该怎么办呢？你可以尝试着做一个简单的集中注意力的训练。先深深地长吸一口气，慢慢地将气呼出，然后再长吸一口气，缓缓呼出，将注意力集中到自己的呼吸上，认真体验和感受吸气、呼气的感觉，排除脑海中所有的杂念，把思绪集中到呼吸上，当你把杂乱的念头赶跑以后，就可以静下心来全神贯注地工作了。

让文件资料各归其位

邦尼对于时间管理始终没有任何概念，他每天都会在不必要的事情上浪费大量的时间，其中在整理资料和查看资料上花费的时间最长。邦尼是个做事没有条理的人，办公桌上的文件堆放得乱七八糟，每次翻找文件的时候他都手忙脚乱，有时候要花费十五分钟才能找到一份文件，不顺利的时候半个小时也找不到自己所需要的文件。

邦尼不擅长管理文件，也极为不擅长管理文档资料。他经常搞不清自己把重要文档储存到了哪个磁盘上，有时耗费半天的时间也没把老板急需的东西找出来，为此他经常受到批评指责，连续被扣发了两个月的奖金。尽管受到的警告一次比一次严厉，他依旧没能改进工作方法。

邦尼不知道该怎么给电脑里的文件取名字，也不知道该怎么给它们分类，以至于文档比桌面上的文件还要混乱。每次查找文档的时候，他都一头雾水，不知该从哪里找起。他接连打开了无数个 word 文档，发现里面的内容都不是自己要找的，只要将其一一关闭，然后继续查看其他的文档。

由于不会管理资料，邦尼被老板评价为能力最差员工，他的绩效始终排在最末，因此总被冷眼看待。有一次老板急需一份重要资料，邦尼查找了整整一天也没有找到。老板非常生气，当着全体员工的面用冷嘲热讽的语气对他说："我想，一头牛做事的效率也比你高，真不明白你每天都在忙什么。知不知道你不但在浪费你自己的时间，还在浪费我的时间，这是我不能容忍的，如果你再不能改进自己的工作，那就请另谋高就吧。"

邦尼沮丧地低下了头，不知道该怎样应对，他知道自己必须改变，却不知从何做起，也不清楚该怎样改进工作，只能被动地坐以待毙，等着被炒鱿鱼后再找一份工作。他想也许自己根本不适合行政方面的工作，不适合管理大堆资料，以后他要尽可能地远离这些东西。他把这个想法告诉了朋友，朋友对他说："问题不在资料上，是由于你的思绪太过混乱导致的，无论做什么事你都必须厘清思绪，这样做起事来才能有条不紊，才能节省更多的时间。"

做事缺乏条理的人，桌面上总是堆满了乱七八糟的文件，有用的文件和没用的文件混放在一起，处理起来非常浪费时间。有些人的办公桌看起来一片狼藉，每天收拾办公桌、整理一沓沓废纸般的文件都要消耗大量的时间。埋首文件堆并非一件乐事，被文件淹没更加不是一件乐事，当文件积压成堆，查找起来费力、处理起来也吃力的时候，说明你必须改变自己的工作方式了，如果你不能及时改变，就会被纷乱的纸片打败。

一个人是否高效，是否善于控制和管理自己的时间，只需看一眼他（她）的办公桌就知道了。擅长管理时间的人大都擅长管理文件，他们从来不会在这些琐事上浪费时间，所以才能把"极简办公"从理念转化成现实。

其实想要把文件材料管理好并没有那么难，你只要掌握了几条简单的原则，就能把乱糟糟的文件整理得井井有条，让其各归其位了。你可以有选择性地把部分文件装进抽屉，这样堆放在办公桌上的文件数量就会大大减少，桌面看起来将更加整洁。新用完的或刚刚处理完的文件可放在抽屉的上端，以方便日后取用。暂时用不到的文件可放在抽屉的底部，以待备用。抽屉装满的时候，要及时处理底部的文件，把以后再也用不到的文件统统丢弃。

有的人喜欢将所有文件都完好无损地保留着，以为某些文件也许以后还能用到，不知不觉便积累了大量纸质的垃圾。事实上，很多文件都已经变成了无人问津的废纸，已经没有任何利用价值了，它们的存在不过是浪费空间而已。除此之外，它们还会消耗你的时间和精力。如果你不能确定一份许久不用的文件应不应该被扔进垃圾桶，可在电脑里保留好原稿，将纸质文件处理掉，这样既可以让自己安心，又为办公桌、抽屉节省了空间，为自己节省了精力，可谓是一举多得。为了查找方便，你最好分门别类地把文件存放到塑料或纸板文件夹里，然后在每一个文件夹上贴上标签，这样可以让自己在查阅资料的时候一目了然，有效节约时间。

比起纸质的文件，计算机里的文件文档更难管理，因为电脑的空间存储量要比桌面、抽屉的存储量大得多，所以办公文档更加庞杂、数量也更多。如果你不懂得如何管理文档，那么很有可能在需要某一份文件的时候，查找半天也找不到。想要改变这种局面，你只需要掌握三个技巧就可以了。

第一个技巧是给文档取一个合适的名字，让自己一看到文件名就能知晓里面的内容，或者一想到内容就能联想到它们保存在哪个文件中，这样即使你忘记文件存放到哪个盘里了，使用搜索功能即能将其翻找出来。

第二个技巧是按照工作内容和工作性质将文档分好类，把同类的文档存放在一起，最常用的文件要放到最醒目的位置上。级别重要的文件名字前面可添加一个星形符号，这样当自己急需用到该文件时，立即就能找到。

第三个技巧是定期备份和清理电脑，这样做可以使你在节省磁盘空间的同时，节省精力的损耗。磁盘里的文件太多，不仅会引你的视觉不适，还会影响你查找资料的速度，所以定期清理计算机是非常必要的。电脑里的打印稿存放三个月以后，可将其备份到光盘上，然后把这些不再需要的文件从计算机里删除。

脱离伪忙碌，让办公从极繁变极简

迪恩自诩为极简主义者，其理由是他无论在消费方式上还是在工作生活方式上，都无限贴合极简理念。由于工作太过繁忙，他根本抽不出时间消费，忙碌了一年才能抽出几天时间外出度假，每次归来他都能带回一些有纪念意义的藏品，以此来凸显自己与众不同的品位。每件藏品都很贵，但它们基本上都没有什么收藏价值，不过是他装点门面的装饰品罢了。

迪恩是公司里有名的拼命三郎，几乎每天都是第一个来到办公室，最后一个离开，用披星戴月来形容一点都不为过，他总是忙忙碌碌，但业绩始终不理想。有时该打的电话没打，该联系的客户没联系，该处理的文件没处理，下班时间便到了。看着桌面上乱糟糟的文件，他心绪无比烦乱，心想这下又要熬通宵了。

由于接连熬夜，他的精神状态越来越差，白天精力不济，工作常常出现纰漏，这让他非常苦恼。眼看一年就要过去了，他始终没能调整好状态，对新的一年也没有什么期盼。他还年轻，却已经对未来的生活不抱任何希望，每天早晨醒来都无比压抑，到了晚上心情更加沉重，他不知道何时才能摆脱苦役，何时才能过上正常人的生活，内心无比茫然。

极简办公说起来很容易，实践起来却非常难。在职场生活中，"伪加班"、"伪忙碌"的现象可谓是屡见不鲜。如今无论基层工作者，还是中高层管理者，都在不同程度地扮演着大忙人的角色，似乎总有处理不完的文件，总有开不完的会议，总有完不成的事项，人们恨不能让地球减慢自转的速度，让每天多出几小时来。

基层职员经常忙得焦头烂额，但办公极其没有效率，几乎不加班开夜车就完不成工作任务，他们具有蚂蚁的吃苦耐劳精神，像老黄牛那样任劳任怨，但却拿不到绩效奖金，每天都在穷忙、白忙。管理人员和企业主的境况也好不到哪里去，表面上看他们个个风光，头顶精英阶层的光环，实际上他们也像普通的办公人员那样摆脱不了繁重的工作任务，工作和生活基本完全融为了一体，一年到头难得享受一次休假，没有时间运动，也没有时间追求高品质的享受，唯一能做到的是买些书画和艺术品来附庸风雅。

在当代社会，极简主义虽然已经成为了一种潮流，但真正能过上极简生活的人实际上并不多。部分原因是人们很难改变那种消费至上的观念，需要从消费中获得满足感。这种观念使得不同阶层、不同的社会工作者不约而同地被金钱套牢。穷忙一族尽管劳而无功依旧热衷于加班，高管和企业主尽管忙得没有时间花钱和享受生活，依旧忙碌不休。人们为什么要这么忙呢？在某种程度上是为了用更多的时间换取更多的金钱，除此之外，还有另一个重要原因，那就是不懂得化繁为简，不知道该怎样安排工作和高效管理时间，所以始终脱离不了"伪忙碌"的状态。

忙是一种工作状态，也可能仅仅只是一种表象，真正高效的人未必是最忙的人，也未必是加班频次最多的人。伪忙是没有意义的，从某种程度上说，它属于时间管理失败的产物，与敬业精神基本无关。我们必须想办法让工作从极繁变为极简，才能跳出瞎忙、白忙的怪圈。那么具体该怎么做呢？

1. 把复杂的工作简单化

在做策划方案和拟写工作报告的时候，很多人会把里面的内容写得又多又详细，本来几页纸就能概括的东西，偏偏要制作成一个薄薄的小册子，等到在会议上发言的时候，听者完全不知所云，根本搞不清重点在哪里，这种做法显然是既浪费自己时间，又浪费别人时间。一流的策划方案或工作报告通常都是极其简单的，它们通常比简报还清晰明了，把简单的工作搞得复杂化不仅不能凸显出自己的水平，反而会显得自己概括能力不足，这种做法是不足取的。

有的人喜欢把简单的东西变得复杂，一方面是因为觉得别人看不懂听不懂的东西才是高端的，另一方面是因为抓不住核心，看不到问题的本质，一不小心就被枝枝蔓蔓牵绊住了。前者工作态度不端正，后者洞察力不足。想要在办公过程中享受极简主义所倡导的惬意，首先要从改变工作态度和提升洞察力开始。

2. 每天做好三件重要的事

为了提高工作效率，很多人都会在办公之前拟好一份工作清单，上面事无巨细地罗列着一天之内需要处理的事项。但是如果清单包含的内容过多，任务太过密集，事务太过繁杂，就会给自己带来莫大的精神压力，进而导致行动迟缓。拖延症大多都是在这种情况下出现的。其实深谙时间管理之道的效率达人并不会做这样的傻事，他们在面对庞杂的工作时，普遍遵从一条极简原则，那就是每天做好三件最重要的事。事实上，即使你不吃不喝不休息，争分夺秒地工作，也不可能在短短八小时之内将所有罗列在任务清单里的事情全部做完，总有一些事情要拖到第二天处理。如果你不懂得取舍，很多重要的事情都会被耽搁。

日复一日的忙碌，可能会让你混淆低价值的事情和重要事情的界限，促使你把大量的时间浪费在价值量不大的工作任务上，这就是你工作低效的重要原因之一。其实你每天必须处理的重要事项不会超过三件，你只要把这三件事把握好就可以了，其余的事情完全可以安排到其他时间完成。每天做好三件最有价值的事情，不仅可以让你优先完成最重要的任务，还能为你有效减轻精神压力，帮助你成功地从繁重的事务中抽身，过上一种张弛有序的生活。

3. 学会使用有助于提升效率的工具

古语说："工欲善其事，必先利其器。"善于运用科技手段和使用办公工具，往往能起到事半功倍的效果。比如人工计算庞大的数据，要花费大量的时间，而运用计算器，很快就能得出结果。但计算器并不是最好的统计数据的工具，倘若你统计的数据数量过多，又涉及到复杂的运算，使用计算器同样也是一件费时的事情。在这种情况下，你不妨试试EXCEL 表格，运用 if 函数进行各种运算，采用此种方法，既省时又省力，能大大提高你的工作效率。

我们所熟悉的办公软件和办公工具有很多，但在实际工作中，我们往往做不到最优化选择，经常因为选择了错误的工具而浪费了时间。想要改变这种局面，就必须加深对办公工具的认识，必要的话可以考虑买几本相关的教程书籍阅读，边学习边操作，这样我们在使用相关工具的时候就能得心应手了。

简化工作要以优化秩序为参考系

丹尼尔最近从书上了解到了极简办公的理念，对里面的理论推崇备至，于是打算践行一番。他想：所谓的极简办公就是尽量把工作简化，尽可能地帮助自己减少时间和能量的损耗，这有什么难的？周一他便开始践行书中的理论。在此之间他制定了一个极其简单的时间规划表，里面只写了几项任务，其余都是留白。他下定决心一定不会在无关紧要的小事上浪费时间，务必要把时间全部花在刀刃上。

丹尼尔只花了两天的时间就把一份策划案写好了，以前他至少要用七天时间，他万万没有想到把工作简化后，轻轻松松便将工作效率提高了数倍，这真是太不可思议了。正当他洋洋得意时，老板面色铁青地把他叫到了办公室。丹尼尔忐忑不安地看着老板，凭借直觉他意识到自己一定是做错事了，可他实在想不出自己究竟做错了什么，难道是因为策划案写得太快，进步太明显，老板怀疑不是他本人拟写的？

沉默了一会儿，老板终于发话了："你仅用两天时间就把策划案写好了，显然是在敷衍了事。里面的数据你是怎么得来的？一点科学根据都没有。""我是从网站上查到的。"丹尼尔说。"也就是说你根本就没做过市场调查，随便从网上抄来一个数据，就写进了策划案里，是这样吗？"老板不高兴地质问道。

丹尼尔刚想开口回答，老板又问："你参考了几个网站，参考的是权威网站吗？在搜集资料方面花费了多少时间？"丹尼尔说："参考了一个我认为比较靠谱的网站，搜集数据大概花了五分钟时间。"老板气得脸色都变了："你知道策划案里的数据有多么重要吗？花了五分钟时间随便参考了一个网站，就敢把它放进策划案里……"

丹尼尔被劈头盖脸地骂了一顿，感觉非常委屈，于是辩解说："我只想简化办公，把细枝末节删掉，只做最重要的事，免得浪费时间。"老板说："你删掉的不是细枝末节，而是关键细节，你把不该简化的部分简化了，明白吗？"丹尼尔点点头，这才认识到了自己的错误。

什么是极简办公呢？简言之就是给工作做减法，摒弃繁琐的程序和刻板的条条框框，去掉无聊的应酬、多余的工作，科学合理地利用和分配时间，把精力投放到有决定意义的关键任务上，让办公更轻松更简单。极简办公的实质是简化工作，让办公更有秩序，把复杂的问题简单化，使自己在 8 小时工作时间内，做事更有效率。

不知你是否有过这样的经历：从早忙到晚，不曾休息片刻，但该完成的工作任务总是完不成，总要拖到第二天，第二天压力空前增大，由于状态不佳，又有许多工作没能及时完成，如此一来，积压的工作越来越多，就算你每天忙得焦头烂额，也不能将其处理完。当你每天像蚂蚁一样忙碌，却总觉得工作无法完成的时候，一定会感到相当无奈吧。不知你是否认真思考过，造成这种局面的原因是什么，是因为工作难度太大吗？还是因为工作本身太繁杂？

也许你只是缺少时间规划，没有合理安排好自己的工作，没能充分利用有效的时间。如果你不清楚时间都到哪儿去了，只是感觉八小时眨眼之间就过去了，那么不妨花几天时间真实地记录一下自己每天消耗时间的情况，然后根据自身的具体情况，制定一个有效的时间利用计划，想方设法让自己更高效地利用好每天的时间。

制定时间规划，可以增强自己管理时间的能力，让办公变得更简单。然而制定一个科学合理的时间规划并不是一件容易的事，因为对于时间的执念很可能使你走进某些误区。假如你是一个极度惜时的人，很有可能连一分钟都舍不得浪费，时间表排得满满的，两项工作任务之间几乎没有时间间隔，甚至有可能连整理桌面的时间都不肯给自己。

这种做法是极其错误的，整理参考书籍、文件、纸笔及各种办公工具，只需花费几分钟时间，但却能极大地改善你的办公环境，使你心情舒畅，一整天都精神充沛、办事高效。如果你连这点时间都不肯给自己，那么在办公过程中，必定会因为寻找某个物品而浪费更多的时间，这实在是得不偿失。

试想一下，你有一堆工作任务要完成，在忙得焦头烂额的时候，忽然找不到签字笔了，没有办法在重要文件上签下自己的大名，等到找到签字笔的时候，十多分钟已经过去了，而事先把签字笔放到抬眼可见的位置，原本只需要几秒钟的时间。可见，制定时间规划时，一定要把必须要做的小事列入工作范畴，否则你将浪费更多的时间。

也许你会说，所谓的时间规划应该是一个宏大的框架，不能把各种各样的琐事都包纳进来，把所有的琐事都列入规划，岂不是等于把八小时时间拆分成了无数的马赛克碎片，这样做不是让工作变得更复杂了吗？极简办公倡导的理念不是尽量做减法吗？怎么能做加法呢？极简办公不是简单地做减法，它所追求的简单是建立在秩序的基础上的，简化某些工作任务，若是能换来秩序，那么这种简化就是合理的，反之，就是不必要的。对于微不足道的琐事，你完全可以置之不理，可是假如它会影响到你的办公秩序，极有可能时不时打乱你的正常工作，那么你就必须把它列入时间规划中。也就是说简化工作必须以优化秩序为参照标准，凡是有利于规范秩序的简化都是必要的，反之都是非必要的。

整理办公桌只需花费三五分钟时间，也许你尚能在百忙之中腾出时间，可有些事情花费的时间更长，在制定时间规划时，你可能会万分犹豫，不知道在这样的事情上面花费时间是否值得。你也许会想这些事情必须要做吗？不做可不可以呢？遇到此类情况，不要纠结，仔细分析一下，把这些事情删除以后，工作是变得更简单了还是更复杂了，它们对你的工作进度、工作品质存在实质性影响吗？

不要简单地认为以前三个小时完成的工作，现在把若干个小任务砍掉，一小时便把工作做完了，就意味着效率提高了。要知道你砍掉的小任务可能是非常关键的环节，你意识不到它的价值，随意将其从时间列表里删除了，以后可能要花更多的时间补救。极简要适度，在工作领域同样如此，任何一步简化工作的努力都是有目的有意义的，千万不能盲目地删减工作任务，否则本来井然有序的安排就会变得愈发复杂和混乱。

计划赶不上变化，抓紧时间制定新计划

加里为了更好地管理时间，开始给自己制定时间日程表，他每天严格按照表格里的时间设定行动，几乎能做到分秒不差。可是到了第五天，问题出现了。老板突然要召开临时会议，公司全体员工都必须参加。会议持续了一个小时，这段时间加里本来打算用于执行别的工作任务，这下所有的计划全都被打乱了。

他闷闷不乐地埋头工作，试图用提升速度的方式弥补失去的时间，大约忙了半个多小时，忽然有一名客户打来电话，想要向他咨询与产品相关的问题。他简略地做出了回答，但客户似乎有很多疑惑，接二连三地提出新的问题，20分钟时间不知不觉过去了。加里重新把注意力转移到工作中时，发现时间已经不够用了。他想今天无论如何都不可能完成工作任务了，心情无比郁闷，工作热情瞬间熄灭了，忙到了下班时间，他发现仍有一堆工作任务没能完成，不得不自动留下加班。忙到了

深夜，他总算把所有的事情都处理完了，不过心情始终放松不下来，他感到分外疲惫，觉得生活完全超出了自己的掌控。

职场生活中，有不少大忙人，似乎总有数不清的工作要处理，总有无数的会议要参加，大小差事一个接着一个，办公桌上的电话响个不停，邮件一封接着一封冒出来，让人不胜其烦。每天都制定日程表，但日程总是被一个又一个突发事件打乱，时间一次又一次错位，计划全都变成了废纸，等到一天结束后，悲观地发现目前要处理的事情比一天开始时还要多，遇到这种情况该怎么办呢？在时间计划表失灵的时候，该如何规划自己的时间呢？

俗话说得好，计划赶不上变化，突发情况是不可预料的，它随时都能打乱你的计划。不要天真地以为自己非常善于管理时间，总能在一天开始的时候把时间安排妥当，如此便能高枕无忧了。即使你把时间规划精确到了秒，也未必能让每一秒钟都在井然有序中度过，因为总有些情况是你始料未及的。那么这是否就意味着时间计划没有用了呢？当然不是，突发情况是偶尔才发生的，时间规划在大部分时间是有用的。不过在它失灵的时候，你需要快速想到应对之策，这样才能让自己如期完成工作任务。

计划被变化打乱时，所有简单的工作都会瞬间变得复杂起来，这就好比排列整齐的队伍，其中一人发生了位移，其他成员全都要被迫更改自己的位置。也就是说一个小小的变化，带来的可能是牵一发而动全身的后果。遇到这种情形，你首先要做到的事情是抛弃原计划，因为你不可能以不变应万变，唯有审时度势、适应变化、迅速出击，方能扭转被动的局面。A 计划失灵的时候，你要迅速做出反应，争取在较短的时间内制定出 B 计划，保证工作的有序进行。

所谓的 B 计划指的是经过调整，重新制定出来的时间规划表，它必须是简洁有效的，上面罗列的必须非做不可的事，不应该包括鸡肋型的工作任务，因为你没有时间为鸡肋烦心。不要恐惧变化，遇到突发情况，要及时想出应对之策，不要浪费时间担忧、叹息。

其实变化是生活的常态，所有的事物都处在发展变化的过程中，计划永远都赶不上变化，我们不能期望一切保持静止，全都如我们所料。在工作过程中，临时遇到紧急情况不要慌张，先让自己冷静下来，然后再从容不迫地应对一切。

第十章 忠于内心，丰盈心灵

有人说，所谓的极简就是给欲望和生命做减法，让自己把注意力从外物转移到自己的内心上。有人说，极简是一场自我修行，其目的在于让我们去掉粉饰、卸下面具，回归本色的自己。还有人说，极简是认识自己、升华自己的一种方式，当我们不再持有不必要的物质，不再为自己的贪欲买单，就能从舍弃中找到生命中最重要的东西，进而拥有一个全新的自我。

无论如何，极简主义所倡导的都是让我们忠于自己的内心，面对繁华绚烂的世界，面对各种诱惑，坚守信念，不动摇，不困惑，坚持自我，始终如一。奉行极简的人，总能做出正确的抉择，该执着的时候执着，该放手的时候放手，不会因为贪求自己得不到的东西而使身心受累。总之极简是一种活法，也是一种境界，它与急功近利无关，与节制欲望有关，与虚伪世故无关，与真情流露有关，与任性贪婪无关，与赤子之心有关。读懂极简，你即读懂了人生。

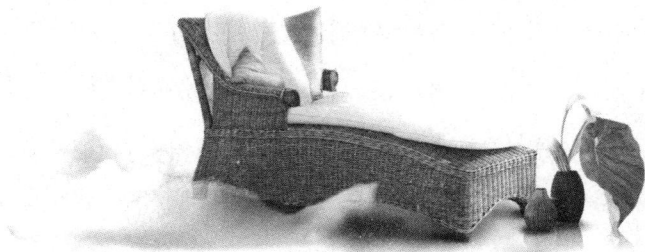

在有限的岁月里，先做你喜欢的事

吉米是一名汽车销售员，为了多卖出几辆汽车，每天说话说得口干舌燥，然而业绩却始终不理想。转眼十多年过去了，他还在一线做推销员，而他的同事已经升级为经理了。为此他感到很气馁。有一天他和朋友在酒吧里喝酒，酒过三巡之后，情绪有些失控，忍不住喋喋不休地抱怨起来："我觉得现在的日子糟糕透了，每天都要和难缠的顾客打交道，为了卖出一辆车，不知说了多少虚伪的恭维话。嗨，什么时候我才能脱离这种生活，做点自己想做的事情呢？"

朋友说："那你想做什么事情？喜欢做什么事情呢？"吉米想了想说："我也不知道自己想做什么，我只知道自己对销售厌恶透顶。至于喜欢做的事情，除了喝酒以外，我现在也想不起别的。总之，我一天中所做的事情都是不愿意做的事，我能确定的目前只有这点。"

你最喜欢的事情是什么？你每周花多少时间在这件事情上面呢？也许你会说最喜欢做的是斜倚在沙发上吃零食、看韩剧，躺在浴缸里舒舒服服地泡澡，对着天上的皓月小酌一番，这些属于纯粹的休闲娱乐，无须动脑，也无须你付出任何精力，算不上是一种爱好或追求。那么纯粹的享乐以外，你还喜欢做些什么呢？

很多人恐怕答不出来。小时候我们天真、好奇、无忧无虑，似乎很容易对一样东西产生浓厚的兴趣，喜欢做的事情有很多，比如绘画、书法、音乐、舞蹈、写作，那时我们总有时间做自己喜欢的事，也非常清楚自己究竟做什么事情会快乐。长大以后，我们开始随波逐流，忙着赚钱，忙着买车买房，越来越不知道自己究竟喜欢什么，而且就算知道也没有用，因为我们腾不出时间做自己喜欢的事，几乎所有的时间都用在赚钱和花钱上了，所以离快乐越来越远了。试想一下，如果一个人一辈子都在忙着做自己不感兴趣的事，完全没有时间从事自己喜欢的事，那么他（她）会幸福吗？答案当然是否定的。

做自己喜欢的事，多么简明扼要的一句话，听起来似乎没什么难度，但实践起来却非常困难。恐怕只有少数极简主义者能做到这点。首先他们简化了欲望，于是便没有了"人在江湖，身不由己"的无奈处境。随后他们简化了生活，把无聊的事、没有意义的事、自己讨厌的事统统从生命里删除掉了，这样就可以把更多的时间都腾出来做自己喜欢的事了。

日本有个叫早乙女哲哉的杰出料理大师，几十年如一日地制作天妇罗美食，一辈子都在做自己最喜欢的事。他虽然名扬天下，却没有扩大经营规模，店里至今只有8个座位，每一位光临的顾客都能吃上最新鲜最正宗的天妇罗食品，这正是他所追求的，也正是他乐在其中的事。由于长期从事自己热爱的工作，他把这项工作做到了极致。

他每天都在思考该怎样让天妇罗的味道和口感提升一个层次，怎样让油最大限度地发挥效用，最终他悟出了油不是火候、不是味道，而是能量的道理，把传统的油炸食品变成了低卡路里的绝品美食，最为绝妙的是他仅仅用油炸的方式即做出了蒸、炒、烹、煎的效果和口感。早乙女哲哉的事例说明，只要让自己的心灵变得简单，除了自己喜欢做的事，什么事都不想，就能把一件事情做到极致。

大量事实证明，人只有做自己热爱的事情时才能将自身的潜能全部发挥出来，并且获得成功。可惜的是由于受到功利的诱惑，我们几乎把大半生的时间和精力浪费在了自己不喜欢的事情上，结果反而离成功越来越远了。也许有些人最初还能坚持自己热爱的事，可是在从事这件事情时总想着将其转化成巨大的经济效益，根本就没想过该如何把这件事情做到最好，其后果是可想而知的，他们由于过于急功近利，最终没能创造出有价值的东西，也没有获得什么实际的效益。

一个人怎样才能做到一生无悔呢？这主要取决于他在有限的生命里都做了些什么。奥斯特洛夫斯基说："一个人的一生应该是这样度过的：当他回首往事的时候，不因虚度年华而悔恨，不因碌碌无为而羞耻……"那么如何才算不虚度年华呢？是追求多快好省，把每一分每一秒的时间都用来追求经济产出和经济效益吗？

当然不是。每个人所扮演的社会角色不同，并非每一个人都是天生的商人，但人类的终极需求却是相同的，所有人都在追求快乐和幸福。怎样才能更快乐更幸福呢？把时间花费在让自己感到快乐和幸福的事情上，自然就能获得幸福与快乐。真正会利用时间的人不是高效的商人，而是能在时间流逝的过程中体验到愉悦感受的人。许多人抱怨自己太忙，实在抽不出时间做自己喜爱的事，大部分时间都浪费在令自己厌恶至极的事情上面了，这么说显然是在推脱责任。

如果你认为时间宝贵、时间紧迫，更应该优先做自己最想做的事，而不是非要等到所有厌恶的事情都处理完了，再找些时间空隙做自己最迫切想做的事。生命对于每个人来说仅有一次，如果在这仅有一次的生命里，你把时间全都用在了自己不感兴趣的事情上，却抽不出一点时间从事自己真正喜欢的事，那么你的生命一定是遗憾多过快乐。

与其花时间提升物的档次，不如花时间提升自己的内涵

有一位收藏家喜欢收藏名画和古董，满屋子都是他收藏的东西，随手拿到的东西，价值都超过百万美元。为了保证藏品的安全，他在家里安装了三扇不锈钢门，室内非常拥挤，所有应邀参观的朋友都得侧身进去。房间里的陶瓷器、青铜器都很名贵，墙上挂的名家作品有的价格已经超过了千万美元。

按常理说，走进这种堆满顶级藏品的房间，应该如同走进艺术长廊才对，置身其中，应该感觉到咄咄逼人的艺术气息，可奇怪的是，每一个来到这里参观的朋友，都感到氛围不对。空气里总是透着一股不那么和谐的气氛，究竟为什么会这样，谁也不能马上答出。直到有一天有一位艺术家来访，谜题才被揭晓。

通过交谈，艺术家了解到这位收藏家并非痴迷古物、古画，他只想做艺术品投资，一心想着把这些藏品卖出更高的价钱。他其实并不懂艺术，对艺术也没什么兴趣，却在极力附庸高雅。每次把玩古物时，他都会装腔作势地重复一些从古籍里查来的介绍，表情极其不自然，目光里透着贪婪，似乎随时都准备把古物脱手，卖出一个好价钱。这就是前来参观的人感觉气氛诡异的原因所在了。古色古香的房间、落满历史尘埃的古物，配上一名装模作样的伪艺术家，感觉自然十分不和谐。

由于担心有人觊觎自己的宝贝，这位收藏家把家搬到了偏僻的陋巷，他想谁都不会想到在穷街陋巷藏有这么多价值连城的古物，所以这些宝贝一定是安全的。他又在房间里安装了报警系统，在房门外安装了层层不锈钢门，这下总算万无一失了。可是他从未考虑到家人的需要。

孩子嫌上学不方便，被迫搬到外面居住了，妻子觉得孩子太小不能独立生活，搬去跟孩子同住了。现在一家人已经很长时间不在一起生活了。收藏家对自己的妻儿似乎并不关心，每天都在想多请几位可信赖的有钱朋友参观房间，将收藏的物件卖出一个绝好的价钱。

如果我们把时间花在财货上，那么就腾不出时间来愉悦心灵了。当一个人日夜为欲望奔走、恋物成痴的时候，心灵将变成一片荒凉的沙漠。许多人误以为所谓的高雅全都是建立在高级财物的基础上的，只有耗费毕生的时间奋斗，占有这些稀有财物，自己才能活出格调活出品位。能用银质餐具就餐、使用高档茶具泡茶、使用古董花瓶插花的人，或者是戴着珍珠项链、钻石戒指，端着精致的高脚杯啜饮法国红酒的人，全都极具小资情调，这类人一定比普通人更懂什么叫作生活品质，什么才是真正的风格，然而事实却并非如此。物本身并不能让人脱俗，却能使人更庸俗，拜物或者被物役，精神境界不但不能晋升到一个全新的境界，反而会下滑到最低层。

我们常听人说"时间就是金钱。"于是真的把时间当成了可用金钱衡量的东西，接着把生命中大部分时间都换成了钞票，然后把钞票换成了物品，以为物品能装饰我们的生活，修饰我们的梦。富兰克林却告诉我们："时间是组成生命的材料。"生命的材料可以用金钱来购买吗？可以用有形的物品来交换吗？当然不能。那么我们为什么如此热衷于把生命里的时间兑换成金币和物品呢？因为我们觉得拥有它们，我们将获得优越感，将活得更高雅更脱俗，但是拥有这种想法本身就已经够庸俗的了。

物本身是没有光华的，物的魅力是人赋予的。人没有追求没有境界，持有再多的物也是没有意义的。真正的优雅真正的高格，是源自人身上的精气神，而不是明码标价的任何物品。你可以没有高档茶具和酒器，但你懂得品茶品酒，总比那些占有高价器物、心灵和味蕾都迟钝的人要有品位。你可以装扮得简单朴素，只要自身光彩照人，总比裹在皮草大衣里、珠光宝气却没有文化素养的人要优雅得多。

有些人总是嘲笑普通人俗气，看不起平凡人的生存形态和生活方式，认为庸庸大众没有任何追求。而在他们眼里，所谓的高级追求无非是把所有的时间都投资到事业上，然后在事业成功后占有更多的稀缺资源和更多的物品。这样的追求难道真的比普通人安安乐乐地过日子要高尚吗？真正有内涵有品位的人，往往能够从朴素平凡的生活中寻求到意义，不可能总想着如何脱离真实的生活，一头扎到物品堆里。

从某种意义上说，与其花时间提升物的档次，不如多花些时间来提升自己的内涵，人的素养并不会随着物品的升级而自动升级，一个人荷包鼓了，消费水平提高了，买得起奢侈品了，并不意味着就比普通人更有格调更有素养了。升级物品，可能要耗用你十几年或者二十几年的时间，但提升内涵却是你每天应该抽出时间去做的事，因为一旦你所拥有的物品跟你整个人显得不匹配不协调，所有的美感都没了。不妨试着把部分时间和精力从财货上转移到心灵上，让自己由内而外地散发出一种优雅高贵的气质，这样你才能活出高雅的姿态。

给思想做减法，不再徘徊纠结

亚瑟每次做决定时都会犹豫不决，思前想后，拖拖拉拉，很多事情因此都被耽误了。刚刚大学毕业时，他同时收到了两封面试通知，面试的时间赶在了同一天，他不知道该如何抉择，直到面试当天还在比较两个公司的规模、待遇、发展空间等，到了早上9点钟，他终于做出了决定，以飞快的速度朝其中的一家公司奔去，可惜由于路程太远，他迟到了，结果没有被录取。

亚瑟因为拖延与理想的工作擦肩而过，但他并未吸取教训，日后做决定时仍改不了那种拖拖拉拉的毛病，为此付出了沉重的代价。25 岁那年，有两个女孩同时喜欢上了他，陆续向他表白了。第一个女孩是董事长的千金，容貌姣好，姿容清丽，各方面条件都很好，不过有点任性。第二个女孩是个小职员，相貌清纯甜美，性格温柔且善解人意。亚瑟不知道该和哪个女孩建立情侣关系，所以没有跟其中的任何一个表态，同时和两个女孩搞暧昧。这种关系持续了半年时间，最后两个女孩纷纷离他而去，因为三个人的世界实在太挤了。

亚瑟非常难过，他觉得假如对方再给自己半年时间，他一定能弄清楚自己究竟想和哪一位天长地久，不过女孩们等不了，她们果断地跟他分了手，成为了别人的伴侣。转眼 5 年过去了，亚瑟依旧是单身一人，孤独的时候每天自斟自饮、长吁短叹。

你认为人类历史上最大的时间窃贼是谁？你也许会说是拖延症。那么拖延的本质是什么？纠结和犹豫。一件简单的事情本该在几分钟之内完成，可一旦犹豫起来，恐怕几小时甚至大半天都做不完。犹豫就是这样谋杀时间于无形，让我们不知不觉中浪费了生命。杀伐决断的人不喜欢犹豫，但这样的人毕竟是少数，大多数人在遇到事情时通常皆表现得优柔寡断，似乎每个人都或多或少地患有选择障碍症，在做出决定之前总是无比纠结无比痛苦，不把时间拖到最后一秒便不放心开展行动。

生活中，我们时刻都在跟犹豫做斗争，无论在大事还是小事上，面对选择的时候，我们都有可能迟疑不决。比如同样的商品挑来挑去不知选哪个好；整理物品时为该扔掉哪些东西该保留哪些东西而纠结半天；回复邮件时拖拖拉拉，不知道该不该直接表态；遇到心仪的对象，不知道该不该开口表白，直到他（她）挽着别人的胳膊步入了婚姻殿堂。犹豫不仅谋杀了我们宝贵的时间，还让我们错失了生命里很多的美好，它最大的罪恶是让时间错位，让我们与最值得珍视的人或事物永远擦肩而过。

不知你是否这样想过，在多数情况下，在两种或两种以上的选择中，任选其一也比浪费时间犹豫要好。你之所以反复纠结，主要是因为思想太混乱，顾虑太多，把多余的担心统统抛开，将思维多余的枝丫统统剪去，只看问题的主干和核心，你的头脑就不会那么混沌了，而会像秋日的湖水一样澄明。极简主义告诉我们，当思想变得简单和纯粹，一切都将变得简单明了。所有问题的答案都潜藏在你过往的经验中，你只要摒弃多余的想法，终止毫无意义的比较，就能从纷乱的思绪中找到自己想要的答案。

犹豫纠结、挣扎徘徊是一件毫无意义的事，当你不知道该选择 A 还是 B 时，往往会耗费很多时间权衡利弊，没完没了地比较分析，结果可能既错过了 A 又错过了 B。这样的结局比你选择了 A 或者选择了 B 还要糟糕。

可见，犹豫付出的机会成本最高。迟迟不去行动，甚至终止行动，静止的只是你的躯体，而时间的车轮照旧向前驱动，时间不等人，你选择了静止不动，时间却不会为你而停滞下来，等你想要采取行动的时候，往往已是时过境迁、物是人非，到那时你已经被彻底剥夺了选择的权利，损失将是无可估量的。

事实上，你浪费了无数时间，经过深思熟虑做出的选择未必比按照直觉选择的结果更可靠。面临选择困境的时候，也许你的理智无法马上给你答案，但你的心却能把你引领到正确的方向，所以跟着感觉走并不是一种任性轻率的行为，而是一种遵从于内心决定的行为。忠于自己的内心，你将做出最明智的选择。如果你担心凭直觉选择会选错，不想在做重大决定时依赖感觉。那么你可以把这种方法运用到做小决定上。生活中的很多小事是不值得你浪费时间犹豫的，五分钟能决定的事情千万不要拖延到十分钟，当机立断做出选择，拿出雷厉风行的风度来，即使选错了也不会有什么太大的损失，因为一件小事一个小的决定不足以改变你的人生。

有时候你徘徊犹豫拿不定主意，不确定自己想不想要某样东西，说明这种东西犹如鸡肋，食之无味弃之可惜，这样的东西其实错过了也无所谓，它不是你真正想要的，如果你强烈渴望得到它，心中早就有了答案，又有什么可犹豫的呢？不要为鸡肋性质的东西犹豫，可要可不要的东西放弃便是，时间比此类东西要宝贵得多。

有时候你知道自己想要得到某件东西，想要办成某事，想要追求某人，但仍犹豫不决，迟迟没有勇气行动，通常是完美主义作祟。你渴望表现得十全十美，要求自己必须做到万无一失，所以内心过于忐忑，以至于迟迟不敢有所行动。事实上，无论你做了多少准备，耗费了多少时间，都不可能把事情办得滴水不漏，完美的情形只存在于美好的想象中，而不存在于现实中。克服完美主义情结，就等于给心灵减负，当你不再苛求自己时，无论做任何事情或任何决定，都不会那么难了。

回归初心，不等于释放本我

杰瑞是个非常愤世嫉俗的年轻人，他看不起那些为了所谓的成功和理想努力奋斗的人，认为那些人庸俗至极，没有一点纯粹的精神追求。在杰瑞看来，最纯粹的生活就是把一切外在的东西统统减除，回归到自己刚降临人世时的状态。他觉得工作是没有意义的，它是文明社会成型以后才有的产物，原始社会根本就不存在这种东西，人们采集、打猎，自给自足，根本不会为领工资聚集在一起做事。

杰瑞看不到工作的价值，所以大学毕业以后便长期赋闲在家，靠领取救济金生活。他坚持认为，不去工作，不跟世俗的人打交道，想干什么就干什么，才能活出真性情。他喜欢酒精，便天天买醉；喜欢漂亮女孩，便想方设法跟对方搭讪；喜欢网游，就通宵达旦地玩。除了享乐，他什么都不感兴趣，他每时每刻都在做真实的自己，高兴便放声大笑，生气便破口大骂，难过便痛哭流涕，显得十分没有教养。周围的人都觉得他有点疯癫，他知道别人对自己的看法，但一点也不在乎，内心深处总潜藏着一种"众人皆醉我独醒"的骄傲。

提到极简一词，我们不由得会想到回归初心，因为人在成长的过程中不断地做着加法，只有把所有累加到自己身上的东西统统减去，回归自我，才能过上极简的生活。什么是极简生活呢？就是简到极致，无法再删减，也无须再增添，所剩无多，但却能体现事物的本质。能达到这种境界的人，能领悟这种生活的人，势必都有一颗赤子之心。

人刚刚来到这个世界的时候，如同白纸一样干净、纯粹，上面没有任何色彩任何笔触，随着年龄的增长和阅历的增加，我们不断地在这张白纸上添加线条和颜色，思想和行为日趋复杂，距离初心越来越远了。作为已经裹上了厚厚油彩的社会人，我们还能重拾朴素的天性，过上极简生活吗？有的人或许会说想要将自己从繁杂的色彩中剥离出来，重新变回一张白纸并没有那么难，抛开所有的顾虑，做回真实的自己就好了。

真实的自己是什么样子呢？是率性而为，无所顾忌吗？当然不是了。有些人混淆了本我和自我的概念，以为回归本我、随心所欲，便能达到极简的境界。事实却不是这样。无论我们是否愿意承认，本我都是任性和庸俗的，本我虽能揭示人性中最真实的一面，但是也能反映出人性的弱点和阴暗面。遵从本我的人通常比较自私，追求的都是低级趣味的东西，除了吃喝玩乐、声色犬马，恐怕再也看不到更有价值的东西了。

本我是人类没有受到道德、法律的制约和管辖时，呈现出的真实状态，也是人类没有受到任何教育熏陶、没有形成价值体系和复杂思想时，呈现出的一种状态。如此看来，或许本我离真实的自己更近，在所有人格中，本我才是那个极简的自己，那个没被包装没被塑造，作为一个自然人的自己，它就像没被抛光打磨的岩石一般，有着粗粝的质感。虽然如此，但追求极简和追求本我是两码事。

所谓的极简生活，是建立在追求自我的基础上的。自我是人们在不断加强内在修养之后呈现的样子，不同于大胆妄为、贪图享乐而又不愿受到约束的本我。有的人误以为克制欲望，不去购物，不为钱活，天天打麻将、K歌、喝香槟，日日逍遥快活，过的就是极简生活；而有些人则认为所谓的极简生活就是想吃就吃、想唱就唱、想做什么就做什么，完全不考虑外在因素，也不考虑自己所接受的传统教育，把世俗世界里的一切都打碎，将自己生命里的色彩和线条全部抹除，重新做回一张白纸。

这些想法皆属于回归本我的表现，不属于回归自我，我们为什么要提倡回归自我而不是回归本我呢？因为在通常情况下，自我要比本我美好。本我虽然更纯粹，但它就像一个任性孩子，很有可能是天使和恶魔的混合体。自我虽然未必是天使，但终归有分辨是非对错的能力，在享受自由、追求本真时，能充分了解事物的边界。

把追求本我和极简主义混淆在一起，就会将猪栏式的生活当成理想生活，将懒惰、耽于享乐看成是一种傲然物外的行为，这是对极简主义的误读。极简主义反对为钱奔波，为物奴役，反对为生活做加法，反对世故复杂，提倡少占有少持有，回归初心，回归原味生活，但是并不主张放弃一切理想，每天除了吃喝玩乐之外什么都不追求，也不主张否定一切人文因素，回归到思想未开化时的蒙昧、无知、任性妄为的状态。

古时的极简主义者多半都是放荡不羁的，比如鄙视功名利禄的竹林七贤，不拘传统礼法，经常在竹林里放歌纵酒；再比如弃官归隐的陶渊明，守着几亩薄田，且醉且饮，抒怀寄傲。他们就像与世俗世界格格不入的孩童，但是他们的形象无关本我，而是自我的真实反映。他们懂得为生命做减法，但没有减掉傲骨，没有减掉崇高的信仰，没有减掉高洁的灵魂，所以才能流芳百世为世人所敬仰。

无论是对生活做减法，还是对人格做减法，都要拿捏得恰到好处，减法做得不够，你无法活得真实，无法贴近生活的本质，减法做得太过，你可能会失控，进而走上歧途。你有一万个理由讨厌复杂的人格，渴望千方百计把自己解放出来，希望将所有强加在自己身上的东西全部卸掉，这本身是无可厚非的。但是需要注意的是，不要在甩掉包袱时，把自己身上美好的东西也都减除掉了。回归本色自我，就已算是简约到了极致，千万不要进一步删减自己了，让自己回归到赤裸裸的本我状态是不可取的，它不是极简主义者所追求和向往的。

适合自己的路，往往路径最短

布朗的人生轨迹复杂而错乱，由于找不到定位，年近30岁还没有找到人生的方向。小时候他的生活完全是被父母安排的，大部分时间穿梭于学校和各种兴趣班之间。父母对他说参加兴趣班能挖掘他的潜能，提升他的修养和综合素质，把他塑造成一个德智体美劳全面发展的人。可是他却不这么认为，因为父母报的兴趣班他全都不感兴趣，那些课程只是父母感兴趣的内容。所以他对兴趣班非常抗拒。父母说大多数孩子都上这些兴趣班，如果他不肯学习这些课程，相比同龄人就落后了。

布朗听了这话只好乖乖闭嘴，老老实实地上兴趣班。每个星期他至少要抽出三天时间学习其他东西，由于太忙太累，他连写家庭作业的时间都没有了，只好在校车上做作业。那时他最大的愿望就是赶快长大，长大了就不用参加这些该死的兴趣班了。谁知长大以后，他更迷茫了。他不知道自己适合做什么，看到身边的人考证便跟着考证，周围的人做什么他就做什么。结果他考了一大堆证书，换了 N 种行业，还是没有找到最适合自己的职业。

人们对他说工作只不过是谋生工具，没有适合不适合的，只要能换来面包就行。有的人还对他说让理想见鬼去吧，所有的理想都经不起现实的考验，大人物说要遵从自己的内心是因为他成了大人物，普通人哪敢奢望能按照自己的意志生活，谁不是违背自己的意愿混日子。布朗接受了这些说法，不再考虑自己内心的感觉，频繁地改变目标，频繁地转换身份，一心只想着赚取更多的面包。

很多年过去了，他依旧没有在任何一个领域出头，日子过得很不如意，他不明白人生为什么这么艰难，生活为什么这么复杂，自己只不过是想过上好一点的日子，难道这也算奢望吗？有一天他向朋友大吐苦水，朋友说："你的经历很丰富，但所走的路太凌乱。我的人生比较简单。我知道自己想要什么，然后按照自己的意愿来生活，每天都过得很充实很开心。或许别人不看好面包师这样的行当，但它确是最适合我的行当，烘烤面包是我最喜欢做的事情，只要每天能闻到面包香，我就感到很开心很满足了。"

数学定理告诉我们两点之间直线最短，但回顾自己走过的道路，你会发现昔日的足迹留下的是一条有弧度有转折的曲线，无论如何，你都没有办法把人生变成简洁的直线。曲线路径反映的是人生真实的样子，起点与终点之间没有最短的距离，长度是相对的，一切取决于你的追求和你的选择。有的人也许会问：既然直线人生是不存在的，那么极简路线是否存在呢？我们可不可以走一条极简的路，不走岔路，不走弯路，按照自己的规划，一步一步地走向终点？

当然可以。只要你遵从自己的内心，始终坚持自己的追求，一切皆有可能。极简主义者乔布斯便做到了这一点。终其一生，他都在按照自己的心意生活，从来不在乎别人怎么看，从来不肯随波逐流，所以设计出了最酷最炫的东西。乔布斯的身上虽然富有传奇色彩，但他的人生路线却是极简的，他始终坚守着自己最初的理想，不曾因为受到诱惑盲目地修改人生轨迹。

他教导年轻人说："你的时间是有限的，因此不要轻易浪费它，不能生活在别人的世界里，不要被一些条条框框所限制，不要按照别人的想法来生活。不要让别人的观点淹没了你自己内心的声音。有时候，你的内心和直觉已经知道了你真正想要成为什么样的人。最重要的是，要有勇气遵从你的内心和直觉。除了你的内心和直觉，其他一切都是次要的。"

如果你能遵从乔布斯的教诲，那么人生必当是一条极简的路。有时候人之所以会走向一条条岔路，都是因为没有坚持自己的想法，没用勇气做自己，不敢走属于自己的路。很多时候，我们不是按照自己的心意来规划人生的，而是按照外界的评价和定义，来设计自己的人生的。无论自己是否适合大众化路线，我们都放弃了原来的路，踏上了大多数人都在走的路。有多少人能忠于自己最初的选择呢？谁又能潇洒如但丁，能鼓足勇气对世人说："走自己的路，让别人说去吧"？

放弃自己的追求，加入千军万马的队伍，是为了获得安全感，避免一个人孤独地冒险。问题在于，适合别人的路未必适合你，别人的主路很可能变成你的岔路。择路就好比择鞋，你纵然可以把自己的脚塞进不合适的鞋子里，忍受着种种不适，但你无法欺骗自己的内心，你内心的声音将不停地告诉你，那双鞋不适合你，你必须把自己的脚解放出来，否则将永远忍受痛苦。

在这个世界上，没有人知道哪条路更适合你，也没有人能告诉你究竟该怎样生活，没有人给你提供准确的答案，所有的建议都只不过是参考。所有的答案都在你心里。除了你之外，世上还有谁比你更了解你呢？只有你知道目前追求的是不是真心想要的，假如你强迫自己穿上一双挤脚的鞋，即便那双鞋镶满了宝石和钻石，你的脚仍在抗议，你的心仍然会发出反对的声音。别人无法代替你去感受，也无法代替你体验痛苦，"感同身受"这个词本身就是一个虚假的概念，很多事情只有经历了，才会懂得，人生况味素来是如鱼得水、冷暖自知。

正因为如此，我们才不该趋之若鹜地追求同一种东西，才不该不假思索地蜂拥而动，全都涌向同一个方向，每个生命都是独特的存在，我们只有学会尊重自己的独特性，忠于自己的内心，才能活得简单，活得自由，绽放属于自己的生命光彩。

无法把握的东西，也许放弃是最好的选择

加文出生在一个偏僻落后的小城镇，考上大学以后，他离开了家乡，来到了繁华富庶的纽约。他一直梦想着进驻华尔街，跻身到财智阶层之列，永远脱离自己的故乡。为了实现这一目标，他付出了极大的努力，在校期间每门功课都得 A，成绩一直名列前茅。他原本以为名校的光环和漂亮的成绩单，能帮助自己找到一份光鲜的工作，从此就能平步青云，成为仅次于比尔·盖茨的人物。可毕业没多久，他就被现实泼了冷水。

他向华尔街的大公司投递了无数份简历，结果全都石沉大海了，没有一家公司看好他。事实证明，凭借目前的实力，他根本无法在华尔街为自己争得一席之地。最后他开始尝试自己创业，开办了一家小型公司，盈利的主要方式是依靠电话推销低价股，他采用各种欺诈手段把垃圾股卖给不明真相的投资者，慢慢积累资金。凭借着三寸不烂之舌，他卖出了大量没有投资价值的股票，为个人积累了巨额财富。31岁那年，他终于出人头地了，成为了金融界不可小觑的成功人士，可悲的是风光没多久，就戴上了冰冷的手铐。

面对记者的采访，他十分懊悔地说："我曾经是个天真热情的年轻人，想法非常简单，只想在纽约生活下去，成为这里的一员，在华尔街找一份体面的工作，实现自己的梦想。可是当我意识到这个目标对于像我这样的年轻人来说是多么遥不可及的时候，我绝望了，选择了一条错误的道路。我现在非常后悔，如果当初我在华尔街以外的地方找一份适合我的工作，安安稳稳、平平静静地生活下去，一切的事情都不会发生了。"

有时候遥远的目标就像一只可望而不可即的风筝，你伸出手踮起脚也触碰不到，尽管知道它永远不属于自己，却无法把自己的目光转移开。不是人人都能做到断舍离，有一种痛苦叫作割舍不掉，有一种悲哀叫作得不到。明知得不到，明知把握不住，却不肯放手，是一种更大的悲哀。

人最大的问题就是只想拥有，不想放弃，哪怕无法拥有，也依旧为自己得不到的东西梦系魂牵，所有的烦恼皆因此而生。生活的底色本来可以是纯色的，之所以变得斑驳陆离，不是因为命运无常，而是因为人心太过复杂，人的执念和执迷让简单的生命蒙上了很多宿命的色彩。有的人执迷权力、名利、财富和成就，为了成就自己的野心，付出了莫大的代价，更有甚者，为了得到依靠正当途径得不到的东西，采取了种种非常手段，以至于变得心灵扭曲。

极简主义告诉我们，把握不住的东西，放手可能更好，遥不可及的东西并不是生命的必需品，不能从容放下，它就将变成你生命中的负累。没有什么东西是必须得到的，它们不是氧气、不是水源，不是供给你生命营养的食物，得不到又有什么关系呢？生活如常，明天太阳照常升起，没有什么东西是真正放不下的。

生活永远不可能百分百圆满，缺憾才是生命的常态。很多人抱怨命运不公，不明白为什么有人生来便可以锦衣玉食，而自己苦苦奋斗十多年才能坐在咖啡馆里和别人一起喝咖啡，近年来又有人提出就算奋斗十多年仍然没有机会和生而优越的人坐在一起喝咖啡，人与人之间的差距永远都存在。其实不去跟别人一起喝咖啡又如何呢？

诚然，每个人都想通过自身的努力改变自己的命运，俞敏洪说："人生而不平等，却无往而不在打破自己生命枷锁的努力之中。"人不能轻易对命运低头，一定要尽最大的努力打碎命运强加在自己身上的桎梏，但是如果已经尽到百分之百的努力了，仍然没有得到自己想要的，该怎么办呢？

英国曾经拍摄过一部非常经典的纪录片，导演对 14 个来自不同家庭的孩子进行追踪报道，每 7 年记录一次他们的现状，从他们的童年一直追踪到晚年，结果发现大多数人成了父辈的翻版，中产阶级的孩子依旧是中产阶级，贫民窟的孩子还生活在原来的街区，从事着父辈做过的工作。可见在社会资源分配不均的情况下，人与人之间的鸿沟是很难被填平的。

也许你会说李嘉诚、泰格·伍兹皆出身贫寒，前者成为了地产大亨，后者成为了身价最高的高尔夫运动员，可见一个人只要有勇气、有决心、有毅力，肯吃苦肯努力，就可以摆脱不利的处境，获得非凡的成就。可是中国香港只有一个李嘉诚，美国也只有一个泰格·伍兹，他们是亿万人中被筛选出来的精英，不能被复制，也不能被模仿，普通人想要变成他们中的任何一个都是不可能的。

名人充满正能量的故事依然可以激励着我们为了美好的未来努力奋斗，我们可以相信这样的故事，并把榜样的精神当成一种信仰，但有时候我们必须认清现实。有些东西可能是我们追逐一生都得不到的，有些事情可能是我们倾尽努力也做不到的，我们不是亿万人中被挑选出来的佼佼者，而是无数平凡而又不甘于平庸的人。我们属于大多数。我们不是天上最受瞩目的明月，而是散布在周围的小小星辰，我们身上的光芒有限，可是那又有什么关系呢？难道我们没有跟明月一起照亮夜空吗？

得不到自己想要的，成为不了金字塔塔尖上的人，并不是一件多么悲哀的事，我们可以固守着自己的本色，平凡而简单地活着。也许有些人很不甘心，不明白为什么别人能拥有的东西自己不能拥有，发誓无论付出任何代价都必须改变这种局面。抱有这样的想法，很有可能会误入歧途。一个人可以没有权力、没有财富、没有声望，可以两手空空、一无所有，但是不能没有原则、没有坚守。人最大的可悲之处不是没有成功，而是被成功的渴望冲昏了头脑，异化成了一个丑陋粗鄙的人。

在诸多改写命运的事例中，不乏激动人心的感人故事，但仔细研究你会发现，反面教材其实也很多。很多人因为贪求能力以外的东西，走上了一条黑暗的不归路。对此，我们应当保持警惕。大量事实告诉我们，凭借自身能力和正当途径得不到的东西，放弃是最明智的选择，不肯放弃，执迷不悟，必将付出非常惨痛的代价。

我们不应以身为普通人为耻，生命以外的东西本身就是可有可无的，在能力之内能争取到自己想要的东西，是一种福气；得不到想要的东西，懂得及时放手是一种智慧，有时候放下才是最大的拥有，放弃本不属于我们的东西，我们方能回归原色，回归本色而纯粹的生活。

磨砺内心比粉饰外表更重要

弗朗西斯出生在新泽西的一个普通的工人家庭，由于家境贫寒，很小的时候就饱尝世事艰辛。十二岁那年，她在心里默默发誓，长大以后一定要让所有人都对自己高看一眼，以后她绝不会仰视任何人，而会以女王的姿态俯视众生。高中毕业后，她在一家高级餐厅做服务生，工作期间结识了造船厂的老板，两人很快步入了婚姻的殿堂。弗朗西斯如愿成为了贵妇。

过上了全新的生活以后，弗朗西斯每天都在向认识和不认识的人高调炫耀自己的财富。她故意到自己工作过的餐厅吃大餐，脖子上挂着宝石项链，钱包上镶嵌了一层金边。和曾经的同事交谈的时候，她故意使用别人听不懂的词汇，搞得对方摸不着头脑。有时气氛非常尴尬，弗兰西斯却故意装作不知道，有时还含沙射影地说："在餐厅里打工能有什么前途呢？不仅赚得少，而且见识少，不能提高自己的品位。"同事被羞辱得满脸通红，为了避开她，竟辞职换了一家餐厅打工。

很多事物只有被包装和粉饰之后，才能突出品位和档次。比如汽车，经过抛光打蜡之后，显得光彩可鉴；普普通通的手机，加上一款精致时髦的外壳，显得时尚大方。人却不一样，经过包装和粉饰以后，不仅不会更有光彩，反而让人觉得虚伪和做作。极简主义认为，不粉饰的自己才是最美的自己：不粉饰身份方可体现真我本色；不摆出高姿态，方能显得亲切可人；不粉饰声音，话语方能直达人心；不粉饰笑容，明媚的笑靥方能拥有融化冰雪的力量。

人与物最大的不同在于，物的粉饰可能意味着锦上添花，而人的粉饰大多都属于画蛇添足。真诚自信的人从来都不会粉饰自己，热衷于往自己脸上贴金的人，要么天生矫揉造作，要么极度恐慌和自卑，急需用无数的假象将真实的自己掩盖。

比尔·盖茨可曾强调过自己上过哈佛大学，股神巴菲特可曾靠一掷千金的方式刷新过存在感？真正自信的人，通常会选择一种极简的低调的生活方式，平时跟普通人并没有什么不同。比尔·盖茨喜欢吃汉堡包，而巴菲特住在一所多年没有翻新装修的老房子里，他们过着十足的平民生活，并不觉得这样做有失身份。反观那些热衷于自我粉饰的人，要么伪造学历，要么用最贵的东西包装自己，要么装腔作势，试图通过各种手段证明自己高人一等，并且习惯于居高临下地俯视别人。当然，这类人大多都有自我粉饰的资本，优越感由此而生。

其实真正自信的人从不会刻意强调自己的优越感，乐于凸显自己的人骨子里是没有任何优越感的，外在表现出来的优越感不过是一种自欺欺人的幻觉罢了。富贵和高贵仅有一字之差，却有着天渊之别。高贵的人皆具有平民风范，不伪装不虚假，不把权位和财富当成衡量自身价值的标杆，所以活得真实、简单，为人可亲可信；而富贵而不高贵的人，通常看不到人本身的价值，觉得去掉金钱可以买得到的装饰品，人就剩下了一具空壳，所以他们才如此热衷于包装自己。

极简主义告诉我们，脱去繁复的外衣，才能展现出朴素的内核。世界上任何真实的东西其实都是简单的，人类本身更是如此。真诚的人是简单的，善良的人是简单的，人类身上体现出的复杂个性，往往都是异化的产物。许多人毕生都在追求一种尊贵感，以为有了钱有了身份地位，过上了人上人的生活便可以傲视众生了，殊不知真正的尊贵不是凌驾于任何人之上，而是始终保持做人的本色，靠品德、修养和智慧赢得别人的尊重。

人们常以为强者为尊，富者为贵，事实却不是这样，能够做到"穷则独善其身，达则兼济天下"的人才能体现出尊贵的真正内涵。无论穷困还是显达，我们都应该始终如一、表里如一，不遮掩、不媚俗、不矫饰，任何时候都光明磊落、一身清气。失意潦倒时我们要尊重自己，不能因为自己地位不够显赫、占有的财富不多而自惭形秽、妄自菲薄；春风得意时我们要尊重别人，不能因为自己比别人更优越就处处表现得高人一等。如果我们比别人更有能力更有财力，那么理应凭借自己的影响力帮助更多的人，而不是忙着为自己塑造鹤立鸡群的形象。

真正出类拔萃的人从来不会借助各种手段刻意拔高自己，他们愿意以普通人的姿态活着，然而却常常会被高举。成就杰出的大人物往往离平凡的生活更近，离真实的自己更近，无论媒体给了他们多少光环，世人给了他们多少溢美之词，他们始终保持着高度的清醒，致力于返璞归真。他们明白浮名、财富、声望都只不过是华丽的外衣，褪去这件光芒闪耀的外衣，自己依旧是原来的样子，所以在任何情形下，他们都不会为了身外之物而改变自己的初心。

人之于包装就好比美酒之于酒器，陈年佳酿即便是装在普普通通的瓷碗里，也会满屋飘香，而劣质浊酒即便是装在华美的金杯金盏里，也改变不了自己的本质。你拥有什么，并不能证明你是一个怎样的人，你的行为、你的品德才能揭示你的本质。磨砺内心比粉饰外表更重要，与其沉迷于包装自己，不如让自己的内心变得善良起来美好起来。要想获得更多的尊重，首先要懂得尊重别人。要想活出更高的境界，首先要让自己的精神达到那样的境界。

世界绚烂繁华，更要坚持极简

保罗和彼德都是极简主义者，所不同的是保罗是一家上司公司的老板，而彼德是一名薪水微薄的小职员。在谈论极简生活时，保罗得意地说："虽然我们两个都在过极简生活，但本质是不同的。这种生活是我主动选择的，而你是因为没有选择才过这种生活的。假如你升了职，拿到了更高的薪水，一定会马上脱离这种生活，所以你所倡导的极简并不是真的极简。"

彼德听了这话感到很不舒服，于是便反唇相讥道："我承认，我有世俗的一面。当下的生活确实不是我主动选择的。但是我不像你那么虚伪，如果你真的不在乎财富，真的想从物欲横流的世界里挣脱出来，那么把所有的钱都赠送给我好了，这样你一辈子都可以过真正的极简生活了。"

两个人争吵得面红耳赤，吵了二十分钟，吵累了，便冷静了下来。尴尬地沉默了一会儿之后，保罗说："我们都不能免俗，但是我们都选择了同一种生活方式，为的就是战胜诱惑，不被物质和金钱所俘虏，按照自己的自由意志生活。在这点上，我们俩是相同的。"彼德接受了保罗的说法："你说得很对，我们还是有共同之处的，至少在追求上是相同的。"

大千世界，滚滚红尘，熙熙攘攘，活在尘世中，人们虽然迷茫，但又万分陶醉。世界上有太多让人迷恋的东西，比如灯红酒绿的氛围，琳琅满目的商品，醇香的美酒、咖啡，美艳的红唇，奢华的座驾以及可以兑换成各种物品的货币。有些人认为，大部分人骨子里是依恋这个喧嚣浮华的世界的，因为它有那么多令人心驰神往的东西，只要有朝一日成功了，就能拥有自己想要的东西，充分享受美好的生活，所以从某种程度上说，痴迷极简的人都是被动被迫地享受极简生活，他们没有机会出人头地，无法领略世界的绚烂繁华，两手空空一无所有，除了高喊极简口号以外，还能做什么？

事实果真如此吗？部分人确实是这样。没有消费的资本，不能好好享受生活，物质上无比匮乏，从未刻意追求极简生活，却一直在以极简的方式生活中，为了寻求心理平衡，只好鄙视外面繁华的世界，鄙视一切享受生活的人，同时高举极简主义大旗，凸显自己的与众不同。但所有人都如此吗？当然不是。事实上，很多资本雄厚的人在内心深处，都有一种极简情结。他们渴望逃离都市喧嚣，逃离五光十色的世界，寻一处净土，让心灵安静下来。

极简是人类心灵深处根深蒂固的一种情结，它与身份地位无关，与贫穷富有无关。一个在马路上边吹口哨边清扫街道的清洁工，非常享受极简生活，一个逃离人口拥挤的市中心，在乡下居住清晨常被鸟叫声吵醒的富翁，也非常享受极简生活。绝大多数人都十分向往极简生活，现代人对极简的追求，其实是对诱惑的对抗，是一种有意识的修心行为。

吟唱"大风起兮尘飞扬"的清洁工难道不想赚取更高的工资，过上更富足的生活吗？他真的希望永远一无所有吗？当然不是。他之所以要享受眼下的生活，是为了不去贪求能力以外的东西，免得活得更累。喜爱乡间生活的富翁果真不再迷恋都市的繁华了吗？当然不是，他若真的厌倦了喧嚣迷醉的城市生活，完全可以将自己的财富悉数捐出，从此做个天天穷开心的乡下人。

现代人倡导的极简主义，本质上是对抗物质诱惑的一种产物。无论穷人还是富人，痴迷极简主义，践行极简主义，都是为了放下对物的迷恋，追求心灵自由。人们知道过分陶醉于物质文明世界，自己也将变成物的一部分，这是一件非常可怕的事情。所有人在被异化的过程中，都有过挣扎和纠结，那是因为他知道自己背离了本心。总而言之，谁都不愿意撕裂自己，不管受到再大的诱惑，都希望能保持内心的和谐，这就是极简主义在不同阶层人士中流行的根本原因。

为物所役的时候，人都希望能摆脱世俗的枷锁，告别纷纷扰扰，保持心灵的宁静，细细品味最朴实无华的生活，感受生命里的美妙律动。这是人类的共性，古往今来，莫不如此。人在被诱惑之前，普遍都有一种逃离的冲动。据媒体报道，有几个来自原始部落的人，对文明世界产生了浓厚的兴趣，于是主动住进了现代人的家里，观察和感受着什么是物质文明和工业文明。

没过多久他们便得出了结论——现代人远不如部落里的人过得幸福。理由有二：一是现代人占有更多的牲畜更广阔的牧场，拥有更先进的技术，过得更加舒适和富足，然而却永远不知道知足，经常为了抢夺资源互相欺骗、争斗不休；二是现代人的一切活动都是围绕着钱展开的，每天围着钱转，已然成为了金钱的奴隶。

从结论中，我们可以看出，原始人已经意识到现代人拥有的牲畜比他们多，牧场比他们辽阔，日子过得更惬意，在某种程度上，他们或多或少地向往过那种生活，但是当意识到屈从于诱惑，就会变得贪婪狡诈，沦为金钱的附庸的时候，他们止步了，逃离了，又回归了原来的那种极简到了极致的原始生活。

这几名原始人的心路历程其实就是我们的心路历程，也是我们渴求极简生活，想要回归内心，期望忠于自我的根本原因。从某种意义上说，极简主义是物质文明发展到了一定阶段之后的必然产物，历经了镀金时代，历经了对物质的狂热膜拜，经历了被异化、物化的过程，人类必然会找回丢失的自我，重新寻找精神家园。所以面对绚烂繁华、纸醉金迷的世界，不要过分慌张，回归自然、回归极简其实是人的本能，我们在长久地迷失之后，一定能找到回家的路。

人生是一个水到渠成的过程，何必急着大器早成

肖恩大学毕业五年了，但依旧是个默默无闻的小职员，他非常着急，整天想着该怎样快速出人头地。有位中年朋友不理解他的壮志雄心，总是淡淡地对他说："你还那么年轻，急什么？我像你这个年纪的时候还在快餐店打工，瞧，我现在不是也有了好几家属于自己的快餐店吗？我从来没像你那么急，一切都是水到渠成的结果。"

肖恩说："我跟你不一样，我没有耐心慢慢等。我必须在30岁之前出人头地，我想变得富有、受人尊重，只要能让我马上实现这个理想，让我做什么都可以。""好吧。如果有一部神奇的机器，能让你变成我，你愿意使用这种机器吗？"那位中年人说。"愿意，当然愿意。"肖恩不假思索地回答道。"我想，你现在快要疯狂了，为了早点成功，你宁愿变成别人，甚至愿意舍弃20多年的寿命和美好时光。年轻人，我真为你的想法感到悲哀。"中年人叹息着摇了摇头，他觉得自己永远搞不清现在的年轻人都在想些什么。

现代人最大的问题就是等不及，无论做什么事情都非常着急，急着成名，急着奔跑，急着享受光环与荣耀，甚至在年纪轻轻时急着给自己买墓地。因为着急，所以不能以一颗平常心面对人生，原本简单的生活瞬间变得复杂化了。人们无法忠于自己的内心，无法安安静静地享受每一个美好的今天，时时刻刻都在匆匆赶路，结果却在奔跑中迷失了自己。

虽然这是一个张扬个性的时代，但事实上大部分人早已没了个性。

人们不但在生活节奏上高度保持一致，每天忙碌的事情雷同，追求趋同，而且思想和秉性也越来越相像。有多少人问过自己想要什么呢？人们忙着奔跑，急着功成名就，来不及思考，根本抽不出时间来和自己对话。

很多人感叹无法按照自己的意愿去活，日复一日、年复一年，都在不停地劳碌奔波，今天是昨天的重复，明天又将变成今天的样子，蓦然回首忽然发现辛辛苦苦大半生竟没有值得回忆的往事，竟没有按照自己的自由意志认认真真地活过一天，这才明白自己已经沦为了庸庸大众中的一员，再也不复当年的样子。

为什么会这样呢？对此周国平是这样分析的："生活节奏加快了，然而没有了生活。天天争分夺秒，岁岁年华虚度。到头来发现一辈子真短。怎么能不短呢？没有值得回忆的往事，一眼就望到头了。"也就是说人们把有限的生命看成冲刺赛跑，每天都在忙着冲锋，根本来不及体悟生命的美好，漫长的一生仿佛被浓缩成了短短的几天，一眼就能看到时光的尽头。人就是在这样的过程中失去自我的，不知不觉把自己变成了一架没有血肉和灵魂的机器。

成功是有代价的，急着成功代价更大。最大的悲观莫过于不再认识自己，在光环加身的时候找不到人生的意义。

人们年轻时常以为大器晚成是一种悲哀，总想着要通过某种捷径一夜发迹，哪怕要用做人的失败来交换也愿意，所以社会上才出现了那么多做人失败的成功者以及出卖了自我和灵魂之后，仍然未成功的人。人生，顺其自然才好，该播种的时候播种，该耕耘的时候耕耘，该收获的时候收获，我们才能活成自己的样子，才能过上简单、快乐、纯粹的极简生活。尚未播种就急着收割，尚未耕耘就想着收获累累果实，没有付出一滴汗水就想占有劳动成果，这种想法现实吗？

春种秋收、果熟蒂落是一个自然而然的过程，人不能违背客观规律，做人只有脚踏实地、勤恳认真，抱着一颗平常心来享受当下的过程，才能体会到真正的快乐。很多人无论做什么事情都想一蹴而就，尚未起步就开始追求速成了，结果生生地把丰满的人生压缩成了无聊的短线操作，将自己变成了没有任何特点的匆匆过客。

在各自的心目中，每个人都把自己想象成了绝对主角，但是当你无法定义自己的时候，你就已经变成了面目模糊的路人甲。当你发现自己已经被环境同化，终日沉湎于庸俗的生活，为了一步登天什么都可以牺牲的时候，你还能认识那个曾经青涩曾经纯真，曾经心中有一个极简梦的自己吗？大器晚成并不是一种悲哀，相较之下，以丧失自我为代价换来的大器早成才是真正的悲哀。

人生可以很简单，生活可以很简单，顺其自然，自然而然，不强求，不浮躁，放下不切实际的欲求，勇敢地做自己，无论成与败，你的人生都是丰盈充实的，你的生命都是独特而精彩的。